The Wisdom of Oz
Using Personal Accountability to
Succeed in Everything You Do

從自己做起,
我就是力量

善用「當責」新哲學,
重新定義你的生活態度

SEE IT　　OWN IT　　SOLVE IT　　DO IT

羅傑‧康納斯 Roger Connors
湯姆‧史密斯 Tom Smith ｜合著　洪世民｜譯

經營管理 123

從自己做起，我就是力量：

善用「當責」新哲學，重新定義你的生活態度

作　　　者	羅傑‧康納斯（Roger Connors）、湯姆‧史密斯（Tom Smith）
譯　　　者	洪世民
裝 幀 設 計	Atelier Design Ours
責 任 編 輯	林昀彤
行 銷 業 務	劉順眾、顏宏紋、李君宜
總 編 輯	林博華
發 行 人	涂玉雲
出　　　版	經濟新潮社
	104台北市中山區民生東路二段141號5樓
	電話：(02) 2500-7696　傳真：(02) 2500-1955
	經濟新潮社部落格：http://ecocite.pixnet.net
發　　　行	英屬蓋曼群島商家庭傳媒股份有限公司城邦分公司
	104台北市中山區民生東路二段141號2樓
	客服服務專線：02-25007718；25007719
	24小時傳真專線：02-25001990；25001991
	服務時間：週一至週五上午09:30~12:00；下午13:30~17:00
	劃撥帳號：19863813　戶名：書虫股份有限公司
	讀者服務信箱：service@readingclub.com.tw
香港發行所	城邦（香港）出版集團有限公司
	香港灣仔駱克道193號東超商業中心1樓
	電話：(852) 25086231　傳真：(852) 25789337
	E-mail: hkcite@biznetvigator.com
馬新發行所	城邦（馬新）出版集團 Cite (M) Sdn Bhd
	41, Jalan Radin Anum, Bandar Baru Sri Petaling,
	57000 Kuala Lumpur, Malaysia.
	電話：(603) 90578822　傳真：(603) 90576622
	E-mail: cite@cite.com.my
印　　　刷	宏玖國際有限公司
初 版 一 刷	2015年5月14日

城邦讀書花園
www.cite.com.tw

ISBN：978-986-6031-69-4　　　　　　　版權所有‧翻印必究

售價：280元　　　　　　　　　　　　Printed in Taiwan

我們在商業性、全球化的世界中生活

經濟新潮社編輯部

跨入二十一世紀，放眼這個世界，不能不感到這是「全球化」及「商業力量無遠弗屆」的時代。隨著資訊科技的進步、網路的普及，我們可以輕鬆地和認識或不認識的朋友交流；同時，企業巨人在我們日常生活中所扮演的角色，也是日益重要，甚至不可或缺。

在這樣的背景下，我們可以說，無論是企業或個人，都面臨了巨大的挑戰與無限的機會。

本著「以人為本位，在商業性、全球化的世界中生活」為宗旨，我們成立了「經濟新潮社」，以探索未來的經營管理、經濟趨勢、投資理財為目標，使讀者能更快掌握時代的脈動，抓住最新的趨勢，並在全球化的世界裏，過更人性的生活。

之所以選擇「**經營管理─經濟趨勢─投資理財**」為主要

目標，其實包含了我們的關注：「經營管理」是企業體（或非營利組織）的成長與永續之道；「投資理財」是個人的安身之道；而「經濟趨勢」則是會影響這兩者的變數。綜合來看，可以涵蓋我們所關注的「個人生活」和「組織生活」這兩個面向。

這也可以說明我們命名為「經濟新潮」的緣由——因為經濟狀況變化萬千，最終還是群眾心理的反映，離不開「人」的因素；這也是我們「以人為本位」的初衷。

手機廣告裏有一句名言：「科技始終來自人性。」我們倒期待「商業始終來自人性」，並努力在往後的編輯與出版的過程中實踐。

如何讓人當責？

楊千（國立交通大學經營管理研究所教授）

　　本書作者過去的「當責」系列書籍著重在組織的層次，皆以建立當責的組織文化為其中心思想。而《從自己做起，我就是力量》則回歸到基本面，針對組織的基本元素（即個人）來論述。如果讀者想讓自己比過去「當責」，只要按部就班，好好跟著書上介紹的步驟反覆演練，必然會比過去更當責。但如果你只是翻了翻書、讀一讀後就又擺回書架上，我保證你依然還是不懂何謂當責，也無法更進一步。這就好比不會游泳的人，即使看完一遍游泳教學影片，也無法立刻跳入泳池內如魚得水地游來游去；同理可證，我們也不可能期待初學者上完一堂小提琴課，就立刻練成揉弦。許多事都必須「學而時習之」，也就是說，練習是必要的。

　　當我拿到這本書的時候，心裡浮現了一個難題：不

是如何讓自己當責，而是「如何讓人當責？」

　　如何讓別人當責，是有原理與方法的。比方說，醫療人員如果只是告訴接受驗血的人別緊張，那人一樣還是會緊張。若能換個說法，抽血前先請那人「深——呼——吸——」，讓他逐步跟著你的指令去「做」。如此一來，至少能降低些許緊張感。因此，想讓另一個人當責，也是同樣的道理。

　　國父孫中山先生非常重視心理建設，他說過：「夫國者人之積也，人者心之器也。」一個國家或一個組織是由一群人聚集而成的；組織裡每一個人的行為，都反映出他內心的價值觀與信念。人是由心控制的器具；有負責任的心，才會有負責任的行為。

　　本書將實踐當責的原理、具體方式，從頭到尾、完完整整地告訴讀者。簡單來說就是，每個人都必須做好心理建設，具備正確的信念，進而付諸行動。而本書也為「當責」下了如是定義：這是一種個人選擇，可以幫助你超越所在的環境，為嚮往的成果做主。孫中山先生之所以認為「知難行易」，乃是因為清末民初的資訊傳播不如今日，所以強調的是「行」，做了就好，為的是取得大眾對國民革命的支持。當時因語言不通，又希望獲得知識分子的理解與支持，孫中山先生遂將理念寫成文

字，也就是眾所周知的「三民主義」。至於荀子所提倡的「知之不若行之」則是一種行動派的觀點，可簡單解釋為「坐而言不如起而行。」兩方都跟本書作者的理念很接近：當責的第一步，便是離開舒適圈（不要只想坐在舒適的沙發上）。沒有開始，比失敗還糟。

　　如果你希望別人能跟你一起當責，就必須先徹底理解作者提出的「當責步驟」：正視現實（See It）、承擔責任（Own It）、解決問題（Solve It）、著手完成（Do It），然後一一實踐，定見成效。而力行方法之一就是好好運用「影響力」，並「以身作則」。比方說組讀書會，逐步替對象做心理建設，漸漸將對象引到強化當責的路途上；過程中請務必保持耐心，效果終會浮現。

　　如果遇到不願當責的人呢？首先，我們要讓對象渴望當責後的結果，讓他知道只要實踐當責，就會變得更快樂。以小英為例，如果她覺得上學遲到是媽媽的責任，就會依賴媽媽叫她起床、準時把她送到學校。如果小英能夠改變想法，開始相信上學遲到是自己的責任，並渴望不遲到，這時媽媽只要從旁提供必要的支持與協助就好，小英也能「做自己的主人」，享受自己負責、作主的樂趣。這跟在職場上「帶領自己、帶領部屬」的道理一樣。

作者並引用《綠野仙蹤》一九〇〇年的同名小說及一九三九年的改編電影，來解釋如何邁向當責之路。《綠野仙蹤》在美國家喻戶曉，知名度可媲美我們的《西遊記》。感謝網路科技，如果各位讀者不太清楚故事內容的話，可以先上YouTube看影片，或是查查維基百科。故事裡的主人翁都不完美，每一位都有缺陷，但是他們憑藉著信心，不靠魔法、不靠別人，而是靠自己一路走到快樂的結局，向人們傳達了一個核心價值：「喚醒與彰顯內在本有的能力，什麼事都做得到」。

　　個人當責，在概念上跟組織當責是一樣的，要想辦法影響一個人執行當責四大步驟（正視現實、承擔責任、解決問題、著手完成）。現實是基礎，逃避現實絕對解決不了問題；不願承擔責任，一味卸責、避責，只會落入「被害者循環」，一事無成；解決問題要用對方法，而方法都是人想出來的，亦是人類文明進步的手段；著手完成重在「堅持」，不要只是坐在沙發上怪罪他人，想成就真正讓自己快樂的事，請照你心裡想的去做，全神貫注於你必須做的事情，並在時間內完成，實現承諾。

　　期待本書能助你當責，從你自己做起後，再將當責推己及人！

Contents

前言

13

Chapter 1

要是我有……該有多好

17

Chapter 2

不能走來時路

37

Chapter 3

又是獅子又是老虎又是熊，完了！

59

Chapter 4

膽小獅：凝聚勇氣，正視現實

81

Chapter 5

錫樵夫：找一顆心，承擔責任

103

Contents

Chapter 6

稻草人：取得智慧，解決問題

125

Chapter 7

桃樂絲：運用方法，著手完成

147

Chapter 8

力量一直掌握在你手中……

167

奧茲法則

191

謝詞

202

從自己做起，我就是力量

The Wisdom of Oz

前言

　　《從自己做起，我就是力量》這本書不僅探討個人當責的力量，也探討讓你得以無事不成的根本之道。簡單來說，只要你釋放個人當責的力量，同時也能獲得改變一生的力量。我們講的不是電影裡超級英雄所擁有的那種超現實力量，而是一種真實、具體的力量。它能提升你的思考力，壯大你忍受逆境、增生信心的能力，強化你與生俱來的情感、精神和智識優勢，以助你完成非做不可的事情。我們深知這種力量斐然可觀，因為我們曾在自己的人生，也在世上無數人士的身上，見證它的成效。

這個強而有力的當責哲學，最早是於我們的著作《當責，從停止抱怨開始》（*The Oz Principle*）中出現。自此之後，數百萬讀者開始稱呼我們「奧茲大師」。多年下來，我們已協助世界各地的領導者將這些你們即將學到的法則傳授給合作夥伴知道，同時並實際運用於他們身上。除了創造出數百億美元的財富，還造就了林林總總更為重要的成果——獲致的成果不但更好……甚至遠勝於以往。而憑藉著這些進展，他們得以戲劇性的提升達成使命的能力，例如將救命藥物引進市場、打造更優質的社區大學教育、籌募慈善基金的成果大幅超出預期、改善戰地醫院的醫療實務工作等。

你也許並不期待在人生做出什麼偉大的變革，但應該會想完成一些大事——起碼是你自己覺得重大的事。若是如此，釋放個人當責的力量可說是你的最佳策略。我們所提出的當責哲學，宗旨即是協助你完成你想做或非做不可的事。《從自己做起，我就是力量》將讓你看看別人是怎麼做到，以及你

自己也可以怎麼做到。

上述訊息的核心傳達了一個簡單的事實：你不能讓所處的環境來定義「你是誰」，以及「你做的事情」。那樣的思維只會帶來被害者心態，癱瘓你清楚、迅速及創意思考的能力。相反地，你必須擔起責任來主動型塑你的環境。只要做到這點，好的事情、正面的事情、扭轉局勢的事情就會接踵而至。

說起來容易，做起來可能比較難。

為了更具體而生動地呈現這些法則，我們將分享和你我一樣平凡的小人物故事，而故事的主人翁最終都能克服難關。譬如說，一個摔下捕蝦船的紐約漁民，在冰冷的大西洋漂流十二個小時之久，卻能倖免於難。你也能了解是什麼樣的特質讓一個參加六百公尺賽跑的大四學生，縱使摔了個狗吃屎仍能一躍而起贏得勝利；又是什麼樣的特質讓一個十三歲足球選手揮別冷板凳，躋身先發球員。你會發現，儘管沒有人揮舞魔法師的魔杖、用魔法神奇地

為你解決所有問題，我們仍有辦法體驗個人當責那近乎魔幻的影響力。

那麼，我們為什麼要用《綠野仙蹤》的故事來傳達這個訊息呢？因為這部故事探討的就是這種源自承擔個人責任、主動解決困境的力量。桃樂絲、錫樵夫、稻草人和膽小獅最後全都領悟一個重要的事實：沒有任何魔法可以替他們變出自己想要的東西；他們終究得親自去做。我們非常喜愛這個故事，甚至懷疑作者李曼・法蘭克・鮑姆（L. Frank Baum）在一開始撰寫《綠野仙蹤》之際，也經歷過當責的心路歷程。

《從自己做起，我就是力量》展現了清楚的途徑，你將會知道如何透過為你自己的人生承擔更多責任，來釋放源源不絕的力量。最後，你會覺得自己更有能耐、更有動力、更為強大。儘管人一生中不會獲得多少保證，但你在這裡能確實得到一個：實踐本書所提示的個人當責，將賦予你力量，達成你最渴望達成的目標。

Chapter 1

要是我有……該有多好

桃樂絲： 奧茲魔法師？他是好人還是壞人？

葛琳達： 噢，是個大好人，可是神祕得很。
他住在翡翠城，離這裡很遠。妳有
帶妳的掃帚來嗎？

桃樂絲： 恐怕沒有。

葛琳達： 這樣的話，妳只能走路去了……

桃樂絲： 可是翡翠城要怎麼去呢？

葛琳達： 從起點出發永遠是最好的。只要沿
著黃磚路一直走就對了。

從一九○○年上市的那一天，李曼・法蘭克・鮑姆的小說《綠野仙蹤》就令世界各地的讀者深深著迷。有很多人都看過一九三九年的經典改編電影好多次，對劇情和歌曲簡直倒背如流。為什麼桃樂絲、稻草人、錫樵夫和膽小獅能如此打動我們呢？一如所有偉大的娛樂作品，這個故事引起我們的共鳴，並深深觸及我們的心靈。我們從書中人物身上看到了自己，恨不得也能擁有他們的力量、智慧、熱情和勇氣，好實現我們的夢想。

請仔細想一想，你想要什麼？你真心想要的是什麼？大家一定都曾想過：**要是我有……該有多好**。那麼，你想要的是什麼呢？升官加薪、找到一生摯愛、改善人際關係、營救孩子、挽回婚姻、取得學位、找新工作、為你的社區創造實質改變，亦或是克服長久以來的挑戰或障礙？我們將畢生想要擁有的事物稱為**成果**，而這本書就是要幫助你獲得成果。只不過，成果並非唾手可得。

起來，別再坐了！

二〇一二年三月二十二日，馬利（Mali）總統大選前三十五天，軍隊旋風般襲取總統官邸，推翻了這個西非國家剛滿二十歲的民主體制。伊斯蘭民兵在這場混亂中控制了馬利三分之二的國土，摧毀了該國的民主選舉。「政變發生時真是悲慘！」奧威雷賽博歌（Ouélessébougou）小鎮鎮長耶亞·薩瑪基（Yeah Samake）這麼說道，該鎮距離動亂僅約四十哩，「我走進我家客廳，整個人癱在沙發上。（然後）內人過來踢了我一腳。我簡直不敢相信。我跟她說：『我是來這裡尋求同情的，幹嘛踢我？』她只回道：『給我起來，去做點事。』」

無論你是自己從沙發上站起來，或是因外力的催促才起身，重點都在於「起來，去做點事。」薩瑪基鎮長夫人的這一腳，促使鎮長下定決心離開沙發、爬上駕駛座、開車行經五個叛軍檢查哨，一路開到這起動亂的核心地帶。他隨即發現自己「身在

一個有數百名精壯結實、荷槍實彈士兵的軍營。」薩瑪基鎮長為人民謀求幸福的渴望帶給了他勇氣，令他無懼於層層環伺的部隊，找上了政變領袖。政變領袖問他為何而來，薩瑪基告訴他：「我來這裡是要告訴你，權力並非掌握在軍隊手中。」

叛軍領袖阿馬杜・薩諾戈上尉（Amadou Sanogo）相當感佩薩瑪基的勇氣，邀請他上全國電視台對馬利人民說話。而薩瑪基在發表談話的同時也不忘譴責政變，要求軍方將權力交還人民。他並發自內心地說道：「改變並非由外而內，應該由內而外。」後來，薩瑪基成為馬利的民主代言人，為恢復民主總統大選創造實質的改變。

耶亞・薩瑪基並未一直困在看似完全失控的局面，反而選擇主動爭取主控權。他做了他能做的，而非著眼於他不能做的事。我們稱此為「奧茲的智慧」（The Wisdom of Oz）：

唯有你自己，才能釋放個人當責的正面力量，克服你面臨的障礙、達成你想要的成果。

理解本書這個「關鍵概念」能助你運用這股個人當責的力量，但其實重點不只一個。本書從頭到尾，將會陸續介紹我們稱為「奧茲法則」的相關概念，這些都是進一步實踐當責可以為你發揮作用的根本之道。

OZ

奧茲法則

當你無法掌控局面時，也別讓局面掌控你。

掌控局面，不被局面掌控，就是薩瑪基鎮長最初抱持的信念，而你馬上就會發現，從沙發上站起、主動掌握局面，乃至追求成果，正是《從自己做起，我就是力量》的核心。同時你很快就能明白，這些個人當責的原則，固然足以助你改變歷史進程或一個國家的命運，卻也能助你改善個人生活的任何一個細微層面。一切端看你真心想要什麼，以及你想望的程度有多高。

閱讀《從自己做起，我就是力量》的同時，你

將會踏上一場自我發現之旅，也就是讓桃樂絲和她的新朋友得以用知識取代無知、勇氣取代恐懼、力量取代癱瘓、當責取代被害者心態的那一趟旅程。你會學到如何運用你已然擁有的內在力量來獲致你想要的成果，並克服每一道阻撓你的障礙。

沒有哪個魔法師能憑空變出這種事。只有你自己辦得到。當然，你不時會需要一些外力幫助，但成敗主要繫於你自己。就像稻草人、錫樵夫和膽小獅——他們原本都恨不得「只要有……就好」——你也會發現早已蘊藏在你體內的那股力量，來得到你追求的事物。本書將教你如何駕馭那股力量：個人當責的力量，以突破過去可能擋在你與成功之間的任何一道關卡。

我們都知道當今世上充斥著這種算命師：一邊凝視水晶球，一邊做出各種他們絕對做不到的承諾。我們不是這種江湖術士。你在本書也看不到那些東西。我們花了數十年的光陰研究這些法則，並

將它們應用到全世界最艱難的一些挑戰上。這些加強個人當責的法則無一失敗，提供了簡單有力、鐵證如山的解決之道。你之後將會讀到一篇又一篇的故事，全都是人們應用此知識，並發展所需技能來實現所望的實例。

渴望的成果、更好的成果、你想要的成果，都在你伸手可及的範圍，而非在你的掌控之外——明白這點著實令人興奮。當然，想獲得這樣的成果，你就必須從沙發起身，採取行動。儘管沙發看起來非常舒服、是一個偶爾可以休憩的地方，但它的溫暖、安逸和舒適卻可能是你追求人生更好成果的最大敵人。

你的沙發是什麼呢？是你其實不喜歡，但覺得安穩的那份工作嗎？是你從未達成的長期目標？或是一段你害怕去改變的毀滅性關係？還是一套讓你如魚得水，但如果人生要進一步成長，就必須割捨的技能？不管那是什麼，我們都務必了解，最大的

「突破」需要「決裂」。而這裡的「決裂」通常意指離開舒適圈（comfort zone）去追求成功之路[01]上的未知。

　　欲向前邁進、透過進一步實踐個人當責來達成你想要的成果，十之八九，你本身一定要有大膽之舉。想想喜劇演員金凱瑞（Jim Carrey）的例子。他小時候家裡很窮，窮到全家一度得住在親戚家草坪上的貨櫃車裡。但金凱瑞相信自己的未來，相信他想在人生達成的目標。據說他在喜劇生涯剛起步之時，有天晚上開著他那輛破爛的豐田（Toyota）上了好萊塢山觀賞洛杉磯夜景，突然間，他抽出了支票簿，給自己開了張一千萬美元的支票，並在註記欄潦草寫著：「演藝工作費」（For acting services rendered），然後塞進皮夾。金凱瑞的大膽之舉就從

---

01 原文為yellow brick road（黃磚路），出自《綠野仙蹤》，故事的主角桃樂絲和稻草人、膽小獅、錫樵夫等一起踏上了黃磚路，出發尋找奧茲國的魔術師（the Wizard of Oz），最後實現了心願。時值今日，yellow brick road常引申為「成功之路」、「幸福之路」。

一枝筆和一張假支票開始，再加上他本身當責不讓、想成就一番事業的決心。接下來五年，這一份對實現嚮往成果的新信念，讓他以《王牌威龍》（*Ace Ventura*）、《摩登大聖》（*The Mask*）和《王牌大騙子》（*Liar Liar*）紅遍全球。在演藝生涯巔峰，金凱瑞每部片的片酬高達兩千萬美元。

這只是不可思議的巧合嗎？單純的走運？又或者是魔法使然？以上皆非。金凱瑞的成就正是個人當責力量的鐵證。而你不必有錢或有名就能加以應用。無論是對你或你的家人鄰居，這些法則皆能奏效。

再說說「珍妮」的例子。珍妮有天回家，發現丈夫留了張紙條，上面寫著他們的關係只是一場騙局，他要「放她走。」才一眨眼，曾經深情款款的丈夫的祕密生活徹底顛覆了她的人生。往後幾個月糟糕透頂，她意志消沉，覺得自己毫無魅力而孤僻，躲在房間好幾個星期之久。不論是什麼樣的社

交場合，都會讓她極度不自在。當一個朋友終於說服她在離婚後參加一場萬聖節派對，她變裝前去，結果卻是場大災難。她就是沒辦法跟其他人互動，更別說打情罵俏。所以她先行告退，在外面四處亂走，最後敲了一個好友的家門。好友規勸她該為人生做些真正的改變，也該重新回到追求她畢生目標的正軌：幸福的婚姻和幸福的家庭。

　　儘管談何容易，但珍妮還是聽從了朋友的忠告。最後，一開始的陰暗、憂鬱和自我懷疑通通退到一邊，把路讓給希望和前瞻性思考，而這都是因為她**選擇了改變**。那個決定最終將珍妮推離了她的「沙發」版本。最後，她買了新車、染了頭髮、找到新工作、重返校園念書，還一連跑了兩場半程馬拉松。珍妮說：「我終於恍然大悟，我是唯一能讓我的人生更美好的人。」今天珍妮擁有了她一直想擁有的生活；她漂亮、快樂、嫁給了一個愛她也珍惜她的好男人。

如同金凱瑞、耶亞·薩瑪基和珍妮一樣，你的人生要怎麼過，決定權真的就掌握在你手中。你在本書學到的知識，將會讓你連結你真實的自我和天生的內在力量，也將助你看見，你所擁有的那份權利、能力甚至義務，足以創造專屬於你的最佳實績。

奧茲法則

每一個「突破」
都需要「決裂」。

沒有魔法師！

我們在《綠野仙蹤》看到的桃樂絲、稻草人、錫樵夫和膽小獅，他們發現自己基於不可歸咎於己的因素，身處於非自力所能掌控的局面。一陣龍捲風不顧桃樂絲的意願，把她從堪薩斯的農場颳到了奧茲的國度。稻草人原本和玉米、烏鴉一起過著停滯不前的生活，因為製作他的人吝於給他頭腦。錫樵夫生鏽而杵在原地，因為沒有心臟、缺乏意志力而動彈不得。軟心腸的膽小獅則因缺乏勇氣和膽

量，一直過著沒有充分發揮潛力的生活。

這幾個永恆不朽的人物，一開始都因自身缺點或外在環境而產生被害者心態。他們相信無法憑一己之力改變一切，因此啟程踏上了通往奧茲國的黃磚路，希望找到無所不能的魔法師幫他們解決所有生命難題。

大家應該都還記得故事情節吧。歷經千辛萬苦抵達翡翠城之後，桃樂絲的愛犬托托扯下布簾，揭露了魔法師的真面目：他其實沒有任何魔法，只會拉控制桿發出煙霧，什麼忙也幫不上。

以下列舉幾個重點：

一、桃樂絲和她的朋友們都確切知道自己想要
　　什麼：桃樂絲想回堪薩斯。稻草人想要一
　　顆腦。錫樵夫想要一顆心。膽小獅想要勇
　　氣。

二、他們都覺得自己是被害者，相信自己沒辦法掌控不是他們製造出來的情況。

三、他們都需要親自走一趟發現之旅。

四、最後，他們全都選擇進一步實踐當責來解開束縛、克服障礙，進而解決問題。

　　在後面幾章，我們只會稍微重提《綠野仙蹤》的故事，但我們也希望各位能牢記，這些人物最終是如何超越他們的困境，拋開自身的恐懼、謬誤的信念和缺點，來達成他們嚮往的成果。他們的收穫與無能的魔法師毫無關係，而是與他們自己內心達成嚮往成果的強大承諾息息相關。他們克服了面臨的挑戰和恐懼，藉由通力合作、全力以赴和找到內蘊的力量，來獲得他們想要的事物。

　　一旦你了解簾子後面並沒有東西能幫助你得到畢生所願，你就發掘了奧茲的智慧。

今天我們活在一個每天都會聽到有人將自身境遇歸咎於**別人**的世界。所謂的「別人」可能是：你的爸媽、嚴厲的老師、某個好管閒事的鄰居、政府、施虐的丈夫、前妻、整個社會、偏見、社經不平等、你的種族、總統、上帝，甚至是你的DNA。人很容易就會讓自己置身事外，怪罪某人或某事該為自己的失敗或不作為負責。而且，人也很輕易就會相信自己有資格獲得更多，自己的問題可留待別人來解決。這種想法非但不真實、不實用，甚至危險至極。

你會開始讀這本書，或許是因為你希望能在人生的某個層面，獲得更好的成果或更高的成就。我們保證會助你實現。三十年來，我們見過全球許多各領域公認的佼佼者加以應用這些法則。如前文提及，這些個人當責法則大至足以補救世界上最嚴重的災難，小至可以修補家門內的柴米油鹽醬醋茶。應用《從自己做起，我就是力量》教你的當責法則，可以維繫婚姻幸福、確保職場升遷、拯救醫界

或伊拉克、阿富汗戰場上的人命、幫運動員打破紀錄、助學生拿高分、讓教會信眾人數成長茁壯、重振事業雄風及強化社區發展。

知道不論多狂野的夢想都能成真，著實令人興奮。所以，請別埋葬夢想。不要輕言拋棄夢想，也不要置之不理。千萬不要只因你以為夢想遙不可及，就假裝夢想並不存在。

做出選擇

進一步實踐當責是一種選擇，或許正是你所能做的最強大的選擇。如同我們的朋友珍妮，選擇當責能賦予你克服障礙、突破難關、不管做什麼都能成功的能耐。千萬不要忘記，那一直是一種選擇──你的選擇。而最明智的選擇是，將膽量

奧茲法則

進一步實踐當責，將是你一生所做最強大的選擇。

與投入緊緊相繫的選擇：欲實踐那個選擇，需要投入的一切努力。

接下來，本書將教各位如何不斷琢磨你的個人當責技能，來實現你所渴望的成果。為此，我們將為你介紹「當責步驟」——在你進一步實踐當責、追求更大成果的旅程中，一路驅策你前進、如常識般的四個步驟。

你現在或許心裡在想，**是啊，當責這玩意兒挺不賴的，但總會有一堆鳥事發生在許多好人身上啊**。沒錯，就某方面來說，你是對的。酒醉駕駛攔腰撞上你的車。颶風摧毀了你的家園。經濟不景氣害你丟了飯碗……以上這些都不是你的錯。真的不是。但你對這些事情所做出的反應，就是**你的**責任了。你該這樣落實奧茲法則：承認你無法改變昨天，但可以掌控明天將發生的事。

一九八一年夏天，約翰和蕾芙・沃爾許夫婦（John and Revé Walsh）的六歲兒子亞當在佛羅里

達一家百貨公司遭到綁架。十六天後，警方發現了亞當的屍體。一如其他慈愛的父母，沃爾許夫婦為這起駭人無理的暴行哀慟萬分，但他們最後並沒有屈服於被害者心態。

自兒子遇害之後，約翰和蕾芙就努力不懈地對抗犯罪行為。他們在四個州設立亞當·沃爾許兒童資源中心（Adam Walsh Child Resource Center），後來併入國家失蹤及被剝削兒童保護中心（National Center for Missing and Exploited Children，NCMEC）。他們籌畫政治運動、積極遊說，目標在於為受害者權益爭取修憲。縱使面臨官僚和立法的重重阻礙，約翰和蕾芙卻從未放棄理想，他們的努力最後催生出〈一九八二年失蹤兒童法〉（Missing Children Act of 1982）、〈一九八四年失蹤兒童援助法〉（Missing Children Assistance Act of 1984）；而二〇〇六年，美國國會也通過了〈亞當·沃爾許兒童保護和安全法案〉（Adam Walsh Child Protection and Safety Act）。許多商

店、購物中心，以及沃爾瑪（Walmart）等大型量販店，甚至會在店裡有孩童與爸媽或家人走失時，發布「亞當警報」（Code Adam）。你或許也曾在電視上看過《美國頭號通緝犯》（*America's Most Wanted*）：約翰主持此節目二十多年，促成警方將一千兩百多名危險要犯緝捕歸案。

壞事一旦發生，就會有好的結果。且讓我們用當責來取代被害者心態。失敗退散，成功到來。一切都從奧茲法則開始。

你想要什麼？

所以，**你**想要運用本書為你提供的技巧完成什麼事呢？財務和事業成功？更強健的體魄？優質的形象？領先同儕的地位？和親人朋友處得更愉快？請想一個你自己希望達成的重大成果，或是一個阻擋你前進的問題、障礙。把它寫下來後，放進皮包

或皮夾隨身攜帶，也可以貼在浴室鏡子上。目標愈具體、愈簡單愈好。對耶亞・薩瑪基來說，其目標是民主選舉。金凱瑞的目標則是片酬一千萬美元。珍妮則想要幸福的婚姻和家庭。不要嘗試一次改變一切，那會逼得你喘不過氣。選定一件事、一個特別的目標，然後應用你即將學到的技巧，看著它發揮效用。

一旦踏上個人當責的道路，你會立刻看到這些法則為你發揮功效；無論遇到什麼阻止你前進或妨礙你成功的問題，這些法則都能賦予你改變或處理的能力。進一步實踐當責，意即**奧茲**式的當責，將能驅策你邁向欲追求的成果，助你實現願望或達成你想要的成果——這些成果用魔法是變不出來的，必須靠你自己博取而來。

簾子後面的男人
正在拉控制桿發出煙霧，
但他其實什麼忙也幫不上。
成功的力量，
一直都在你自己身上。

Chapter 2

不能走來時路

桃樂絲：噢，只要能和大家一起離開奧茲，
　　　　我願付出所有，但哪一條才是回堪
　　　　薩斯的路呢？我不能走來時路啊！

葛琳達：沒錯，確實如此。這可能要問偉大
　　　　優秀的奧茲魔法師本人才知道。

告訴你一個好消息：要確實做到我們在本書所提出的建議，不必花你一毛錢。你不用出門到處採買；你也不需要新的個性，甚至不用移植一顆新頭腦。想實踐個人當責的策略、獲得你想要的成果，只需要訓練你自己**改變思考方式**，做負責任的思考。愛因斯坦（Albert Einstein）有一句話常被引述：「愚蠢就是一再重複做同樣的事情，卻期待有不同的結果。」要獲得不同的成果、更好的成果、更多的成果——你就不能走來時路。你需要開闢一條全新的路，那就是進一步實踐個人當責的路。

〈受困電扶梯〉（Stuck on an Escalator）是一部很有意思的YouTube影片，證明了只要改變思考方式就能產生極大的影響。影片中，一男一女搭電扶梯上樓，看樣子是要去上班。電扶梯戛然停止，把他們困在往二樓的半空中。男人嘀咕：「噢，大事不妙。」女人則氣惱地說：「別整我啊。」兩人都沒帶手機，孤伶伶地受困於大樓裡那部停止不動的電扶梯上。男人一再向自己和女人保證：「會有人來

救我們的，」卻又驚慌大叫：「有人在嗎？」過了一段時間，女人終於失去耐性，一邊尖叫：「救命啊！」一邊坦承自己快哭了。男人最後憤怒地兩手一攤，直嚷著：「我沒轍了。」兩人就繼續呆站在電扶梯上枯等。

他們真的需要別人來救他們脫困嗎？他們真的需要任何幫助嗎？就這對男女想要的結果來說──在這個例子是上到二樓──他們倆只需睜開眼睛，換個角度思考，動腳走上電扶梯即可，畢竟電扶梯也是樓梯的一種啊！在這部影片中，這兩位先生小姐的眼界、觀點，以及認定情況超出他們掌控範圍的信念，是怎麼讓兩人動彈不得、哪裡也去不成、只能大聲呼救，你是否看出來了呢？

你可曾「受困電扶梯」？

別怕當責

多數人生問題與機會的解決之道，就在於替自己注射一劑高濃度的個人當責。可惜的是，人們多半將責任視為一種每當事情出錯時才會**落在**你頭上的東西。我們都很清楚，在我們提出進一步實踐個人當責對你大有助益的建議時，上述一般人對責任的看法肯定是個問題。

你是不是光看到「當責」一詞，「戰—逃」（fight-or-flight）本能就油然而生？想拔腿就跑，尋找掩護，以避開你知道即將到來的連帶影響？這種對於當責的負面觀感，也深受下列字典常見的定義連累：

當責 ac · count · a · bil · i · ty
（名詞）

必須對特定對象回報、解釋或辯明；務必對其說明理由，承擔責任。

字典都這樣定義了，怪不得人們難以接受。「必須做」不想做的事，明白指出有事將落到你頭上。就我們的思考模式而言，這種老派的當責觀念，充分解釋了現今社會的當責究竟出了什麼問題。

多年來，人們無所不用其極地閃避他們對當責的負面觀點，讓我們瞠目結舌不已。請參考下列這些交通事故報告的片段，都是活生生、有呼吸有心跳的成年人在正式筆錄裡對肇事原因提出的解釋：

- 「我回家的時候開進了別人家，撞上了別人家的樹。」

- 「電線桿快速朝我逼近。我來不及繞開，它就迎面撞上了。」

- 「我從路邊把車開出來，瞥了我丈母娘一眼，車子就撞到堤坡了。」

- 「間接造成這起車禍的原因就是，開小車的那個小矮個有張大嘴巴！」

推卸責任、躲子彈、找掩護——一看到舊教科書裡的當責觀念，人們很自然會出現上述反應。面對老式的當責，人們會不由自主採取人類用來脫困的迴避策略，無論我們是否真的身在困境。

一旦當責成為你自動自發為自己做、而非被迫為失敗負責的事情，你便釋放了個人當責的真正力量。儘管當責的一大要素是為自身行動的結果負責，但還有另一個更重要的層面，同時也是一種能促使你成功的層面。這是成功的祕訣，也是你絕對不該害怕面對的東西。

奧茲法則

當責是你為自己做的事情。

當責的步驟

我們把成功的祕訣稱為「當責步驟」（Steps to Accountability）。這種新的思考方式就是個人當責的精髓。你將在第44頁的圖例看到一條分隔「水平線上思考」和「水平線下思考」的線。「水平線上」

就是你採取個人當責來克服障礙、實現追求成果的地方。你要採取步驟來正視現實（See It®）、承擔責任（Own It®）、解決問題（Solve It®）、著手完成（Do It®）。當責步驟會對你的思考和行為模式產生神奇的效果。

　　一旦落在水平線下，人人都會受困「怪罪遊戲」（blame game），一味著眼於藉口而非成果。在這裡，看似超出我們掌控的障礙會藉機阻撓我們。在水平線上，我們持續聚焦於我們做得到的事；在水平線下，我們會被我們辦不到的事情蒙蔽雙眼，因無法前進而備感挫折。水平線上，我們會一直想辦法克服障礙；水平線下，我們會一直找人來幫我們移除障礙。水平線上，我們感受到的壓力較輕，也較能集中精神；水平線下，我們常變得灰心洩氣，牢騷滿腹。掉到水平線下是不對的；那不是一個消磨時間的好去處。萬一你落到了那裡，必須先正視這個事實，盡快回到水平線上，重新把焦點放在你還能做的事，以達成你想要的成果。

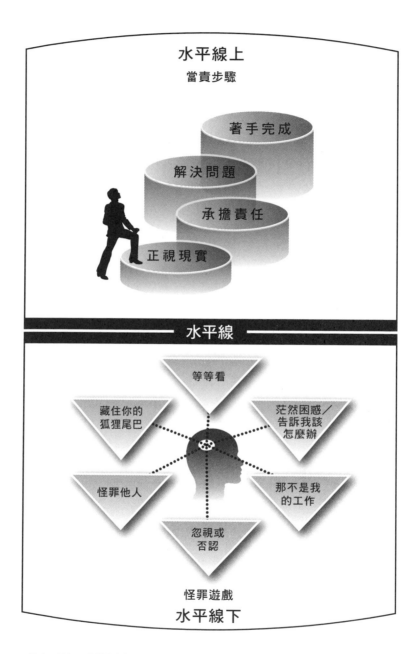

水平線上

當責步驟

著手完成

解決問題

承擔責任

正視現實

水平線

等等看

藏住你的
狐狸尾巴

茫然困惑／
告訴我該
怎麼辦

怪罪他人

那不是我
的工作

忽視或
否認

怪罪遊戲

水平線下

請將當責步驟謹記在心，底下是本書為當責所下的定義，和你習以為常的截然不同：

當責 ac · count · a · bil · i · ty
（名詞）

一種個人選擇，讓人們得以超越自身環境，展露出實現嚮往成果、不可或缺的物主感（ownership）：正視現實、承擔責任、解決問題、著手完成。

丹尼斯是一家醫療設備公司的銷售副總裁，表現傑出不說，本身也是水平線上當責的信仰者。有天他接到一通電話告知，公司將連續三年沒有新產品可供銷售。三年沒有新品可賣！現在，就算他偷個懶，打打高爾夫、坐坐遊艇，逍遙個一年等公司發表新產品，應該也無傷大雅，但公司仍期待丹尼斯和他的銷售團隊能維持同樣漂亮的業績。

如果你是丹尼斯，你會怎麼想？你擔心的是什麼？你的工作、你的妻子、你的孩子、你的房屋貸

款、你的心智、你的未來、底下員工的飯碗？或者，以上皆是？

在丹尼斯衡量情勢之前，電話響了，他手下的東岸及西岸銷售經理都打來說：「丹尼斯，我們得開個會！」數小時後，他們三人坐在聖路易機場的候機室開緊急會議，而那兩位經理脫口而出的第一句話是：「丹尼斯，我們可以到水平線下幾分鐘嗎？」畢竟，任誰遇到那種情況，都有理由覺得自己是受害者而想潛到水平線下發洩一番。

丹尼斯把手錶鬧鐘設定三十分鐘，然後他們全都爆發了，宣洩怒氣、哀鳴、抱怨一大串明顯不是由他們所掌控的事情：他們又被產品研發部給陷害了。他們根本不該如此活該倒楣。為什麼這種事又發生在他們身上？而在他們弄清楚、想明白之前，鈴鈴鈴！鬧鐘響了。兩位經理遲疑了一會兒，雙雙看著丹尼斯，不知道他會不會真的改變話題，把大家都拉回水平線上。這趟短暫的水平線下之旅固然

稍微摒除了一些雜念，也解放了一些被壓抑的情緒，但丹尼斯知道待在那裡將一事無成。所以他嘆口氣，馬上擠出微笑說：「好，現在讓我們回到水平線上吧。」而三人也真的照做，回到水平線上了。接下來四十五分鐘，他們按部就班模擬了一遍當責步驟：正視現實、承擔責任、解決問題、著手完成。

那麼，成果如何呢？由於不再拘泥於芝麻蒜皮小事，他們不僅提出了饒富創意的解決之道，成果更是好到破表。雖然公司連著三年沒有推出新產品，他們卻創下破紀錄的銷售佳績。有人問丹尼斯是怎麼辦到的，他只淡淡地說：「我們沒有新產品，沒有新人手，只有看待問題的新角度——水平線上的角度。」他們有充分理由扮演受害者並怪罪他人，但他們沒這麼做，反倒改變想法，選擇聚焦於他們**可以**做的事，而非辦不到的事。因此激盪出具創造力的水平線上思維，而能克服幾道不可不謂巨大的障礙。

奧茲法則

**移到水平線下
不是不對；只是待在
那裡一點用處也沒有。**

這個故事的重點是，移到水平線上是一種選擇——一種強而有力的選擇，能帶來新的選項、新的契機。一旦我們掉到了水平線下，首先必須明白這個事實，然後努力盡快回到水平線上。

本書後面的篇章將幫助你如丹尼斯那般，學習如何有自覺地應用水平線上的思維，以及有自覺地採取當責步驟來正視現實、承擔責任、解決問題、著手完成。現在你只要了解水平線下是所有怪罪、找藉口、「是他們要我做」等舊式思維與行為的淵藪。水平線上的思維是當責的思維。正是這種思維，讓你得以採取行動把自己救出電扶梯，而不是杵在原地等別人來救你——順便告訴你，你可能永遠等不到。

至於那條線本身呢？其實那只是一道心理關卡。為了當責，我們全都必須有所自覺、持之以恆

地待在水平線上。說來容易，但處於一個時而像是打定主意要打擊我們的世界，唯有能夠自覺並持之以恆地待在水平線上的人，才是最後的贏家。

換個角度思考境遇，考量你無法掌控和可以掌控的事物，是一種選擇。這種新思維能造就新的辦法、新的途徑，和獲致成功的新策略。

水平線上的人生一定比較好

考量到我們所做的一切承諾，請各位務必了解一點，唯有在你為你的**想法**和**行動**擔起全責時，當責步驟才會奏效。而目標是持之以恆地在水平線上思考。

讀到這裡，如果你心中浮現了人生中那些阻止你如願以償的人，代表你是正常人。那些自己待在水平線下，也要拖你下水的人、那些或許會對你和你實現成果的能力造成阻礙的人，如果你心裡想到

奧茲法則

在水平線上思考。

了他們,我們只問一個問題:誰是你生命中最重要、非在水平線上不可的人?答案很明顯:你自己!誠如蘇格拉底(Socrates)所言:「要推動世界的人,自己要先動。」

要闡明這些法則如何在最單純、最普通的情況起作用,請想想下面這個故事。一個十三歲女孩加入了西雅圖地區的一支足球隊,而球隊剛從休閒聯盟晉升競爭聯盟——這對女孩們來說是全新的體驗。為因應新的賽況,大家上場的時間不再像過去那樣平均分配。現在,每位選手都必須贏得自己在場上的位置。

球隊教練賈瑞德回憶,球季剛開打的某一場比賽開始時,三名固定板凳選手之一的「潔西」吸引了他的注意,潔西問他:「為什麼我老是在比賽開始時坐板凳?」教練承認自己嚇了一跳,然後直率地回答:「這個嘛,因為妳踢得沒有她們好。」他口

中的「她們」指的是她在場上的隊友。潔西目瞪口呆,「**什麼?!**」他繼續告訴她:「妳踢得沒有她們好。如果妳想先發上場,就要踢得更好,好到足以取代她們的位置。」

後來,賈瑞德讓潔西在那場比賽替補上陣,他說:「她馬上拚盡全力。好像脫胎換骨似地無所不在、全場飛奔、積極主動,跟以往截然不同。」這場不同凡響的比賽結束後,潔西跑下場,直接找上他問:「教練,我贏得先發位置了嗎?」你猜教練會怎麼回答?「當然!」

這一切是怎麼發生的?潔西怎麼會從可有可無的板凳球員變成明日之星?因為她改變了她的想法;而她的想法改變了她的行動。

想像一下,假如這個長坐冷板凳的女孩只能發揮一部分的潛力,卻一直責怪教練和隊友害她沒有機會,甚至可能覺得自己像水平線下的被害者,情

況又會怎麼演變呢？一切都取決於她腦袋裡的想法。從一開始，潔西就擁有被壓抑的天分和潛力，只是在等待爆發的時機。在她鼓起勇氣問教練那個關鍵問題：「我為什麼老是坐板凳？」之後，教練不客氣的答覆促使潔西改變自己的想法。待頭腦清醒後，她便真正開始發揮一直蘊藏在體內的潛力。同樣的情況也適用在你身上，你的成果也可能這般驚天動地。

奧茲法則

你必須為你的想法和行動擔起全責。

為什麼有些人可以飛越既有情境，有些人卻會在面臨困境或逆境時崩潰，永遠「坐冷板凳」呢？潔西當然可以打安全牌，蹲在水平線下的板凳席自怨自艾。但她想獲得更多；她希望教練派她上場。這個結果完全改變了她少女時代的足球經驗，並極有可能徹底翻轉她的人生。

現在，有一點或許顯而易見：潔西並沒有讀過這本書，那是什麼致使她在水平線上行動呢？潔西

做了多數人在非成功不可時會做的事；她憑直覺做了選擇：當責、不要成為環境的受害者。她掌控了局面，而非讓局面掌控她。她選擇行動，而非被行動影響。那正是往水平線上移動的精義。

我們之後也會看到，水平線上的思維意味著拋棄「都是因為她們我才會坐板凳」這樣的被害者心態。同時也意味著你要自己負起全責，絲毫不怪罪他人。顧影自憐是人之常情。當責沒那麼容易，但絕對有可能做到。

其實，每個人身上或多或少都有與「板凳」時間相關的情感包袱。作者之一已將他名副其實的板凳生涯深烙在記憶中，那是他十歲時打小馬少棒聯盟（Pony League）的事。有一次，教練一度把他從二壘換下，換上另一個傳球那隻手骨折、打著石膏的選手！沒錯，現在回想起來很好笑，但當時就沒那麼好玩了。後來真相大白，這件事多少與偏心有關，明眼人都很清楚，這小子並不是因為不夠努力

才坐冷板凳。他不只一次想效法另一個板凳球員，在比賽中途憤而離場，永遠退出球隊。但他壓根不想離開。所以，他沒有屈服於非自己所能控制的情勢，而選擇「留在比賽裡」，就算那意味著要用他的臀部溫暖板凳。

事實是，不是你想要什麼就能得到什麼。在這個例子，雖然作者始終進不了紐約洋基隊，但他的確享受到幼駒聯盟（Colt League）——只比小馬高一級的聯盟——帶來的名利雙收（他自己內心這麼覺得）。而他也學到一個實在的教訓：永不放棄。他學會忍受不公平，不陷入自憐的泥淖，也絕不離開。這些童年經驗堆起的小積木向他證明：在水平線上運作永遠是最好的行動方針，恆久不變。

選擇跳到水平線上

我們在第一章請你想一個自己希望達成的成

果。如果那時沒有頭緒的話，現在請務必想出來。

下列例子可供參考：

- 當個更好的爸媽，更享受這個角色

- 在職場升遷得更快

- 完成學業

- 克服有關健康、體重、工作或財務損失方面的重大挑戰或挫敗

- 學會一些運動的技巧，或完成一些運動方面的功績（例如跑馬拉松）

- 覺得更快樂，少一點壓力和挫折，少一點失望，更有能力面對逆境

- 獲得更好的工作，或是找到你喜愛的工作（如果目前無業的話）

- 更善於與人交際

- 更積極參與你的教會團體或社區活動

- 享受更富裕的生活方式

- 體驗更全面的成功和生活品質

- 提升婚姻的成就感，從中獲益

對於這樣的清單，以及我們相信當責可以「神奇地」修正這麼多事情的概念，你或許會想嘲笑一番。這很正常，合理的懷疑無傷大雅。但你應該知道，過去二十年來我們親眼見證過這些法則奏效的次數，族繁不及備載。

桃樂絲本來大可留在她一去就大受歡迎的矮人國（Munchkinland）。她可能成為名人，備受讚譽──甚至受到崇拜，成為萬人之上的女王。但當矮人們的女王不是她想要的。她想回堪薩斯的家，而且她很清楚自己不能走來時路── 她必須另尋他

途，找出一條新的路。稻草人也大可甘於坐在田裡
給烏鴉啄，但他想要的不只如此。錫樵夫和膽小獅
也一樣。想成為一個更好的你，是件好事。

重點不是你要做什麼，
而是你如何思考。
為了不一樣的成果⋯⋯
請改變思考方式。
在水平線上思考。

Chapter 3

又是獅子又是老虎又是熊，完了！

稻草人：啊！噢！太可怕了！完全推不動她！這是魔咒，一定是！

錫樵夫：一定是邪惡女巫幹的！我們該怎麼辦？救命啊！救命啊！

稻草人：這種時候大叫是沒用的！喊破喉嚨也沒人聽得到！救命啊！救命啊！救命啊！

大家都知道「莫非定律」（Murphy's Law）：「可能出錯的事情就**一定**會出錯。」我們在一次愛爾蘭之行聽到歐萊禮[02]（Tim O'Reilly）的推論：「莫非太樂觀了！」換句話說，當艱難險阻赫然出現，事情一旦出錯往往就會錯得**非常離譜**。

　　一旦發生這種事情，掉到水平線下、落入被害者循環（victim cycle）的圈套並玩起怪罪遊戲，實乃人之常情。去水平線下並沒什麼不對，只是欠缺效率，因為水平線下不會有好事發生。在水平線下，問題懸而未決，目標無法達成，導致夢想迅速凋零：而且也很容易逃避責任，將未能成功的原因歸咎他人，怪東怪西。當然，你也許會獲得一些同情；甚至有可能暫時脫困。但真正的成果呢？想都別想。

　　關於逃避責任，有個饒富創意的解決之道，已

---

02 歐萊禮（Tim O'Reilly）是歐萊禮媒體集團（O'Reilly Media）創辦人，率先提出Web 2.0概念。

透過網路從澳洲傳遍北美各地——據說此留言是由加州一名高中教職員首創，希望可以建置在學校的電話語音系統：

您好！您已經進入學校的自動語音服務系統。為了協助您與正確的教職員通話，請聽完下列所有選項後，再做選擇：

● 要為您孩子缺席的原因撒謊，請按1。

● 要為您孩子沒做作業找藉口，請按2。

● 要抱怨本校的作為，請按3。

● 要咒罵本校教職員，請按4。

● 要問您為什麼沒收到已經附在給您的聯絡通訊和數份郵寄傳單裡的資訊，請按5。

● 如果您想要我們撫養您的孩子，請按6。

- 如果您想要親自見到某人、甩某人巴掌或毆打某人，請按7。

- 要求今年第三度更換老師，請按8。

- 抱怨校車相關問題，請按9。

- 抱怨學校午餐，請按0。

- 如果您明白這是真實世界，您的孩子必須為自己的行為、課業和家庭作業負責，而您的孩子成績不理想並非老師的錯，請掛斷，祝您有美好的一天！

　　這整套發想其來有自，因為那所公立學校想實行一項政策，一頭熱地期望學生和家長能為缺曠課和遺失作業負起責任。但校方和教師卻接到部分家長揚言提告的威脅：他們希望孩子原來考不及格的成績，能改成及格（儘管孩子的曠課時數遠高於出

缺勤規定）。就我們所知，這樣的語音系統一直未獲使用，但我們深信校方仍一直引頸期盼啟用的那一天。

我是受害者。不是我幹的。不該由我負責。是他們叫我做的。沒有人幫我做。狗狗把我的作業吃掉了。為什麼有愈來愈多人逃避責任？有沒有可能是當今社會促成並支持、甚至大力推廣這種做法？看來我們活在一個世人愈來愈會避責，且視被害者心態和怪罪他人為可接受選項的世界。

奧茲法則

水平線下不會有什麼好事發生。

前聖地牙哥市長鮑勃‧菲爾納（Bob Filner）被控性騷擾時，他的第一個反應是否認做過任何錯事。然後他責怪那些指控他的女性太過「正直」，聲稱她們反應過度，並認為自己只是生性「風趣」，那些女性會「誤解」成性騷擾，都是她們的錯。之後，隨著輿論聲浪開始轉為對他不利，人證與物證也愈來愈多，他開始公開

譴責輿論，自稱「暴民私刑的受害者」。當這招無效，急於推卸責任的他，遂將自己對待女性的駭人方式歸咎於他的成長歷程，暗指（引用一名記者的說法）：「我是五〇年代性別主義文化的俘虜。真的不是我的錯。我都這麼老了。」

隨著陸續有二十多名女性出面、指證歷歷，水平線下的鮑勃發現自己被逼到牆角，不得不面對現實。這時他才公開承認他的惡行：「我多年來的這種行為是錯的。我不尊敬女性，還不時採取恫嚇行徑。對此我沒有任何藉口。」此話出自一個用盡一切藉口的男人嘴裡，還真是諷刺。然而，他很快地再次證明何謂狗改不了吃屎。他和他的律師團開始責怪聖地牙哥市沒有提供性騷擾防治訓練——主張該市應負擔他的訴訟費。結果當然是遭到駁回。

最後，顏面無光又被迫辭職的菲爾納獲得許多「分手禮物」，包括名律師葛洛莉雅・阿爾瑞德（Gloria Allred）送他的一面鏡子。她說，「鮑勃在

問是誰害他辭職的時候，可以拿起這面鏡子照一照。」這位市長或許幹過一堆卑劣醜惡的勾當，但他確實獲得了一個彌足珍貴的邀請：請他真誠審慎地端詳鏡子裡的自己。

怪罪遊戲的規則

去吧，儘管去怪別人吧。反正大家都這麼做，況且有時甚至真的有效。但如果你要做，就要做對。怪罪遊戲有六條不可當真的規則，集結了人類數千年的經驗為大成：全是指責別人和找藉口的經驗。

● 規則一：**千萬別怪罪藉口比你好的人。**
這是一個重大的錯誤，只有新手會犯。怪罪遊戲是一場大風吹，當音樂停止時，你絕對不會希望自己是唯一站著的那個人。

● 規則二：**隨時做好推卸責任、歸咎或指責他**

人的準備，尤其是錯真的在你的時候。

- **規則三：請記住，好的藉口可能和獲得成果一樣好。**

  我們相信每個人至少都有一次靠著說出精彩故事而脫離困境的經驗。當我們無法交出成果時，至少也得提出一個動聽又具說服力的理由。如果那些理由真有說服力，那就跟獲得成果一樣好。

- **規則四：藉口的品質，與採用非你所能掌控之「理由」的比例成正比。**

  這條規則說的是我們說故事的品質。當然，最好的故事應適用於每一種情境，可仰賴天氣、經濟、政府、前妻……之類經證實有效的藉口（族繁不及備載）。可以責怪的人事物好多，時間卻好少！

- **規則五：當一般轉移目標的策略失效時，要訴諸標準「代罪羔羊」式的藉口。**

只要時機正確，這種藉口公認可以化險為夷，眾人會一致點頭。就像大家上班遲到可能都用過的藉口：**我鬧鐘沒有響。交通太糟了。有人沒加油。我找不到車鑰匙。**

● **規則六：當上述藉口都失敗的時候，請直接坦承疏失，但要歸咎童年。**

我們都該學會的課題是，世上所有「批鬥、究責大會」（blamestorming），都無法縮短你與成功之間的距離。雖然當今好興訟的社會一直要我們相信找碴和卸責的真正價值，但那其實讓我們付出了一個可怕的代價：從我們身上剝奪了一件可以為自己做的事，意即當責。

該如何解決？孩子必須停止責怪家長，學生和家長必須停止責怪老師和學校，酒鬼必須停止責怪酒瓶，癮君子必須停止責怪香菸，體重過重的速食迷不能再把錯推給做漢堡的廚師，壞蛋不應歸咎於

惡魔。只想圖方便而找理由將責任轉嫁他人或是怪罪他人，絕不健康，也絕不會帶來更好的成果。

奧茲法則

玩怪罪遊戲絕對不會帶來更好的成果。絕對不會。

對了，我們這樣說不代表世上沒有無辜的受害者。事實上真的有。每一天都有壞人做出傷天害理的壞事，讓好人無辜受害、蒙受悲慘命運。我們打開電視新聞也難以避免看到天災人禍等不幸事件。在這樣的案例中，受到傷害的人絕對有權利繼續當受害者，想當多久都可以；外人不能剝奪那種感覺。事實上，我們可以也應該表示同情，並且在能力許可之下伸出援手。但所有被害者最終都須決定，他們要困在苦難裡多久。當人們準備好終止被害者的身分，往更好的地方走，沒有人會真的開始計時。這終究仍是一種選擇——只不過是困難的選擇。

水平線下的意義

　　那麼，落到水平線下的意義是什麼？那只代表你抱持著允許自己沉溺於當個環境受害者的心態。當你活在水平線下，你會把你裹足不前或無法解決問題的原因推給外界。住在水平線下意謂你已經不再嘗試克服障礙，認定自己無法解決，情況超出掌控，而需要別人來幫你解決問題。還記得第二章的〈受困電扶梯〉嗎？

　　水平線下的萬有引力永遠不變，因為阻止我們實現心願的障礙和挑戰不僅千真萬確，且多半難以解決。就是這樣的現實讓落到水平線下變得輕而易舉，且深具吸引力。因為這些問題確實存在，它們讓我們看似有正當的理由繼續受困：**大家一定都看得出來，我有這種感覺合情合理。**

被害者循環的六個階段

　　為助你進一步釐清水平線下的被害者心態，這些年來，我們已將許多被害者循環和怪罪遊戲的藉口歸納成六大類。請務必對每一大類瞭如指掌，這樣才能在你自己或身邊親友身陷其中時察覺出來。

一、忽視／否認

　　如果你忽視牙疼、認為水管漏了會自動修好，或是否認庭院裡雜草叢生，會發生什麼後果呢？沒錯，結果不脫接受根管治療、地下室淹水，以及家中院子變成附近三個縣市中最漂亮的蒲公英田。同樣地，如果你把頭埋進沙子裡，繼續待在水平線下，人生只會每況愈下。這點觀察一下鴕鳥就知道。據聖地牙哥動物園的專家表示：「當鴕鳥意識到危險而無法逃跑時，牠的頭會啪一聲落地，靜止不動，頭和脖子平置前方。因為頭和脖子顏色較淺，會和土壤的顏色混在一起。遠遠看來，就像鴕

鳥把頭埋進了沙裡。」對你來說，把頭埋進沙裡或倒在地上裝死都不是正確的選項。所以，去看牙醫、修補水管、拿把鋤頭除草去吧。

二、那不是我的工作

去附近一家館子用餐時，我們看到一群員工正在享受休息時間。他們吃完了漢堡和薯條，休息剛好結束，卻還在打打鬧鬧、推來推去，這時其中一人的托盤打翻了，吃剩的殘渣和醬料掉到地上。全場一陣大笑，然後大家一哄而散，留下那個孩子獨自面對他製造出來的髒亂。而我們聽到他這麼說，一字不差地：「這不是我的工作。」他笑了笑，也離開去找他的夥伴了，把髒地板留給別人善後。在你看來，這或許沒什麼大不了，卻是某種嚴重病態的症狀之一，不只對這間餐廳如此，對整個社會也是如此。現今社會普遍欠缺責任感，缺乏個人操守的現象也持續蔓延；燙手山芋被張三丟給李四，再被李四丟給王五。你可能覺得你僥倖逃過一劫，但到

頭來躲避責任只會麻痺你的人生，阻止你獲得真正的成果。從現在開始，一看到髒亂請立刻收拾乾淨，尤其如果你就是始作俑者的話。

三、怪罪他人

「布萊德利」最近告訴他的妻子，經過多年奮鬥，他已經認清自己「注定一輩子悲慘，所以不必反抗。」長久以來，他反覆經歷失能的憂鬱、不幸福的婚姻、了無生氣的職涯、財務困頓、孩子不爭氣，過著毫無成就感的人生。他先後嘗試過心理諮商、精神治療、藥物、加入宗教、脫離宗教，舉凡他自己和朋友覺得或許有幫助的做法，布萊德利通通試過。那他得到了什麼結論呢？「都是遺傳害的。」獲知這個可靠的診斷，他現在將矛頭指向父母。而讓情況更複雜的是，他那曾經精明幹練的妻子，現在也頻頻指責公婆，使得他的被害妄想愈演愈烈。你要怎麼導正布萊德利呢？你會給他什麼建議？或許布萊德利可以借前市長鮑勃・菲爾納的鏡

子一用。

四、茫然困惑／告訴我該怎麼辦

許多人認為困惑能助他們脫困。湯灑到地上時，孩子們會說：「我不知道媽咪把抹布放在哪裡。」洗碗機需要清空時會說：「我搆不到碗櫥，所以沒辦法把盤子挪走。」割草機沒油了就說：「我不知道爹地把油桶放哪兒。」然後轉頭繼續打電動。困惑稱霸，當責衰微。而另一種「告訴我該怎麼辦」的受害者，也有資格躋身被害者循環排行榜。困惑是現況的出色捍衛者。當我們迷失在困惑和「告訴我該怎麼辦」的沼澤，人事時地物都不會有所改變。

五、藏住你的狐狸尾巴

我們都會這麼做。沒有人希望背負著做壞事的臭名，而每個人針對為什麼錯不在己，都已準備好一套說詞。這種現象比比皆是。只要翻開報紙任何一版、收看任何新聞頻道，你馬上就能找到例子。

ABC新聞曾有一篇標題為〈墨西哥教科書錯誤百出〉（*Mexican Textbooks Riddled With Errors*）的報導。文中揭露墨西哥兩億三千五百萬本學校教科書出版後，文中充斥著每個老師都不希望學生犯的錯誤：拼錯字、文法和標點錯誤、地圖誤植等等。此新聞一出，藏尾巴行動就開始了。墨西哥教育部長表示這些錯誤「不可原諒」，並將之歸咎於墨西哥「前政府」。教育委員會主席為求自保而責怪編輯。編輯群則把錯記在待遇太低的帳上……以此類推。噢，你有沒有注意到他們印了**兩億三千五百萬本**的事實？有好多狐狸尾巴要藏啊。

六、等等看

想像你自己正站在一道滔天巨浪的行進路線中。卡崔娜颶風（Hurricane Katrina）正朝你居住的城鎮席捲而來，政府叫你立刻撤離。你要怎麼辦？是馬上動身移往高處，還是坐在前陽台，心存僥倖狂風和洪水不會把你沖走。遺憾的是，在卡崔

娜肆虐期間，搜救人員必須疏散成千上萬明明聽到新聞卻選擇留下來**等等看**的民眾。我們都知道卡崔娜的故事：有一個人加入了艱難的撤離行列，就有十個人無視警告、選擇留在原地。我們有位作家朋友很愛說：「做點事，就算那是錯的。」因此，請採取行動吧。不論任何行動都行，造就的成果絕對會比麻痺不仁來得多。

困在水平線下

很多人都在水平線下花了太多時間，在被害者循環裡鬼打牆，以致成為習慣。他們一定要針對問題或壞消息怨聲載道、裝糊塗、大玩「我好苦啊」的自憐被害者遊戲，心裡才會舒坦。上述種種藉口的背後隱藏了一個事實：人們可以在聲淚俱下的被害者身分中找到莫大的安慰，因而在不知不覺中開始拿自己的際遇換取別人的同情。不管他們博得了什麼樣的同情，都能轉換成報酬。這看起來很荒

謬，但我們都幹過這種事。

不久前，有朋友請我們和「凱文」聊聊，他現年十八歲，家人都很擔心他。凱文看過兩位專科醫生：一位診斷他患有自閉症，另一位說他很好沒病。沒有人確定凱文是否真的患有自閉症。話雖如此，凱文卻堅持告訴每一個人他有自閉症。我們和他對話到某一段落時，趁機打斷他並斬釘截鐵地問：「你真的**想要**有自閉症嗎？」他的回答多少出乎我們的意料之外：「不想。」我們又問：「一個醫師說你有自閉症，一個說你沒有，而你本人並不想得自閉症，為什麼還要一直跟別人說你真的有自閉症呢？」從他的表情可看出他壓根沒想過這個問題。我們隨即建議：「既然醫師對你是否有自閉症意見不一，那你其實擁有多數面臨這種情況的人所沒有的選擇。你能自行選擇。」

做選擇是凱文之前完全沒想過的選項。我們繼

續說：「如果你選擇接受沒有自閉症，那你也得甘心**放棄**告訴別人你有自閉症時，別人寄予你的**同情**。你不能再扮演受害者。你願意這樣做嗎？」他堅決地回答：「願意，那就是我想要的！」我們勸他永遠不再自稱有自閉症，除非確診判定必須接受治療。

我們不會宣稱凱文的例子具有代表性，畢竟我們既非醫師也非治療專家。但對凱文來說，他是否患有自閉症並不重要。重點是他不必再扮演受害者了，而是能帶著那股新發現的信心，在人生旅途中勇往直前。雖然很多人難以領略這點，但我們每一個人真的都可以選擇要不要像被害者一樣地思考和行動。真的。

你該回到水平線上了

本書的重點就在於此：帶領你透過具體而按部

就班的步驟，甩掉被害者心態，成為成果取向、負責任而充滿朝氣的人。桃樂絲和她三個朋友都學會掙脫被害者循環的思維，採取有力而必要的步驟來打敗女巫，一一實現他們的夢想——這一切與魔法師、彩虹或紅寶石鞋沒什麼關係，而是和他們自己的想法、選擇及水平線上的行動息息相關。你同樣也做得到。

那麼，你要怎麼離開被害者循環呢？要怎麼甩掉水平線下的思考和行為？請牢記你堅決地想要什麼，並藉由學習不斷正視現實、承擔責任、解決問題、著手完成——當責的四個步驟，**選擇**回到水平線上。如前文所述，這並不容易，但只要你配備了水平線上四步驟的實用知識，就有可能做到。接著，我們就要來學習如何應用這四個步驟。

水平線下
不會有什麼好事發生：
問題不會獲得解決、
目標無法達成，
而且夢想會迅速凋零。

Chapter 4

膽小獅：
凝聚勇氣，正視現實

桃樂絲： 哎呀，你還真是膽小得要命。

膽小獅： 妳說得對，我是膽小鬼。我一點勇氣也沒有。我甚至連自己都害怕。看看我的黑眼圈。我已經好幾個星期沒睡覺了。

桃樂絲： 你為什麼不數羊呢？

膽小獅： 那無濟於事。我怕羊。

要正視這個世界的真相需要勇氣。我們大多以為我們對事物的看法大致正確，認為我們看到的「就是事物真正的樣貌」。據信馬克吐溫（Mark Twain）曾說過：「會給你惹麻煩的不是無知，而是你深信不疑卻非事實的觀念。」馬克吐溫之洞見的現代版可見於《MIB 星際戰警》（*Men in Black*）的台詞，K 探員談到與我們一同生活的外星生物時說：「一千五百年以前，大家都以為地球是宇宙的中心。五百年前，大家都以為地球是平的。而十五分鐘以前，你以為這個星球只有人類存在。」因為人們對於自己已知的事情都堅信不移，即便那不是事實。因此，你會發現「正視現實」是所有當責步驟之中最困難的。

要怎麼看待事物的真相？要怎麼鼓起勇氣，承認**你認定的**事實可能不是**真正的**事實？一如與當責有關的每一件事情，一切都從做出個人的選擇開始。伊雷娜・森德勒（Irena Sendler）就做了這樣的選擇。

納粹在一九三九年九月一日進犯波蘭。三年半後，波蘭大部分猶太人不是慘遭殺害，就是被送往死亡集中營，華沙的猶太人口銳減了近九成，從四十五萬人降為五萬五千人。如果你是一個生活在九呎猶太區圍牆（ghetto wall）「安全那一側」的波蘭天主教社工，你會怎麼做？每一天你會在猶太民眾之間穿梭，親眼目睹你的鄰居的遭遇。你也知道如果你試圖干預，納粹會怎麼處置你。既然你不是猶太人，最好保持低調，自求多福，莫管閒事。

　　伊雷娜‧森德勒原本也抱持上述心態，有眼睛卻視而不見。她就跟我們多數人一樣，即時看到身邊有無家可歸或需要幫助的人，卻沒有真的**看見**。而後有一天在猶太區裡，伊雷娜發現自己對上了一個挨餓孩童無助的雙眼，然後一切都變了。那雙眼睛讓她憶及已逝父親常給她的忠告：「看到溺水的人，就算妳不會游泳，也必須盡力去援救。」就在那一天，伊雷娜走出**自己**認定的事實，看到**真正的**事實了。

不顧母親的懇求，伊雷娜開始冒充護士，以便躲過德國人的耳目。她走遍猶太區，挨家挨戶說服猶太母親，讓她把她們的孩子帶到安全的地方。最後，她和友人合力用工具箱、行李箱、馬鈴薯袋和棺材偷偷運出了兩千五百個猶太孩子。她們讓嬰兒服下鎮靜劑或拿膠帶貼住他們的嘴巴，以保持安靜。她們從下水道或祕密地下通道把猶太孩童送了出去。然而，納粹終究還是發現並逮捕了伊雷娜。

奧茲法則

要看事情的真相。

他們對她嚴刑拷打、打斷她的雙腳，並決定將她處死。神奇的是，一名衛兵收賄後讓她逃走了。

因為一位勇敢女性選擇看見，數千個猶太孩子得以存活至今。這就是採取正視現實的步驟、認清真相的力量。這就是個人當責的力量，也是實現的力量。這種力量可以改變你的一生和你身邊每一個人的人生。

綜觀全貌

相信絕大多數人都有過這種瞠目結舌的經驗。當你買了一部新車之後，你開始注意到一件以前從沒注意過的事：路上每輛車看起來都跟你的車一模一樣！心理學家把這種突如其來的眼力稱為選擇性認知（selective perception），翻成白話就是我們會看見我們熟悉的事物。

為證明這點，我們會進行一個小小的實驗。下頁有一張圖。稍後我們會請你仔細看那張圖，請盡可能記得你看到的各種物體—— 但你只有四秒鐘可以看。

準備好了嗎？翻到下一頁吧——請注意，你只有四秒鐘的時間。

　　你看到了什麼？你記得幾個圖像？小嬰兒？貓熊？遊艇？如果你跟多數人一樣，在我們限制的時間內，只能記得四到五個左右，是否想過為什麼自己只看到了某些特定的圖，而忽略了其他呢？

人的目光天生會「鎖定」熟悉的東西，而「排除」其他一切。剛剛進行的圖像實驗就是這種情況。這種鎖定／排除的本能反應會製造出盲點，限制你解決問題、改善關係、克服障礙和獲得成果的能力。好比開車時，不先檢查盲點就變換車道可能會讓你喪命。你沒看到一部車，不代表它不在那裡。為了確定情況，你必須特地看看後視鏡，甚至回頭。

論及我們正視現實的能力，每個人都有著會扭曲我們看待事實的眼光、讓我們只看到圖像一小部分（即我們已經熟悉的部分）的盲點。而在此圖像實驗，你沒看到的東西，並不代表它不存在。

如果你未能看到真正面對問題的全貌，要你承擔責任、順利實踐正視現實的步驟，幾乎毫無可能。你沒辦法為你不知道或你看不到的事物當責。也就是說，你必須用心去看，同

奧茲法則

檢查你的盲點。

時明智判斷，才有可能看清事實。你正視現實的能力提升得愈高，你的水平線上之旅就會愈成功。

為什麼會看不到

沒看到某件事情的代價可能十分巨大。就以下面這位「路易‧艾瓦瑞茲」為例，他是成功的商人、丈夫和父親——或者該說他自認如此。直到某天他上了一整天的班後回到家，一進門就看到妻子和兩個小孩穿著外套站在那裡，旁邊還放著行李。當他的家人淚流滿面地駕車離開，留他一人佇立車道，路易只記得自己腦筋一片空白，萬分震驚。原來路易一直沒看到全貌；他沒聽到妻子多年來頻頻抱怨他老是不在家，以及他對婚姻、家庭和家人的所作所為。

路易坦承，在家人離開之後，他一連數日、數星期甚至數個月深陷憤怒和挫折之中，為不可歸咎於他的問題找遍藉口：**她不跟我說話。她不來找**

我。我做的一切都是為了她和孩子。都是她。都是他們。簡直忘恩負義！要是我老闆沒塞那麼多工作給我就好了……路易為什麼沒在一切還來得及的時候發現，其實是身為工作狂的他破壞了他的家庭關係？原因跟我們很多人無法看清自身情況一樣：盲點阻礙我們看見全貌。

要用眼睛看，也要用耳朵聽。有時我們只需要豎起耳朵，聽聽身邊眾人的看法，就能看到事情的全貌。

Oz

奧茲法則

要用眼睛看，
也要用耳朵聽。

在這個案例中，路易挫敗、痛苦了好幾個月後，慢慢接受妻小永遠不會回來的事實，此時事情出現了轉機。他記得有一天看到辦公室牆上貼著一小張列印資料，上頭寫著我們的當責步驟。他頓時想起自己曾經上過我們的課程，也知道當責這玩意兒。路易大吃一驚——這張提醒員工當責的紙條，真的就貼在他眼前整整一年嗎？他這麼說道：「我的眼睛就像閉了很久後突然

睜開。我記得那張圖，也記得學過那些步驟。我想到我的前妻和孩子，也看到我自己有多悲哀。我把自己當成被害者，沉溺於所有藉口和每一件我認為衝著我來的事，這使我的人生更加悲慘。」

路易花了時間內化「當責步驟」，並思考如何

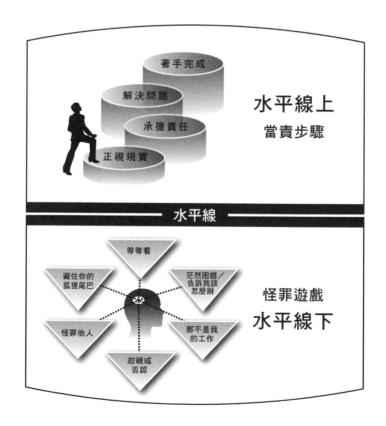

著手完成
解決問題
承擔責任
正視現實

水平線上
當責步驟

水平線

等等看
藏住你的狐狸尾巴
茫然困惑／告訴我該怎麼辦
怪罪他人
那不是我的工作
忽視或否認

怪罪遊戲
水平線下

應用在他的情況，這才了解自己活在水平線下多深、多久。他記得當時他捫心自問，**我真的需要在這裡看到什麼？**這樣問就對了。剎那間，眼罩掉了，眼睛也突然睜開了。那時他才真正看清真相。「我把內人的離家通通歸咎於她，但其實有很多事都是我的錯，是我自己造成的，」路易坦承以對：「我咎由自取。維繫婚姻該做的事，我完全沒做到。我沒有為家庭和孩子付出該有的心力。」路易一開始只顧著反駁和為自己辯護，實則卻欺騙了自己，也冤枉了別人。他只想著贏，卻失去了對他真正重要的人事物。

值得注意的是，除了路易，其他人都沒變。他的妻子並非忽然領悟到離婚比較好。他的老闆並未減少他的工時。他的孩子也沒有跟他約在巷子裡碰面，表示他們明白爸爸為什麼不在身邊。路易改變並找到勇氣後，他選擇看清事情的真相。現在他可以走出被害者循環，不再活在水平線下，並得以承擔責任，讓人生為每一個人變得更好。

「正視現實」的問題

　　明白正視現實的必要性是一回事，但真能正視現實，又是另一回事。因為人們想得到他們想要的，而且現在就要。這種急著要的心情可能會讓他們變得盲目。

　　「梅蘭妮」愛上一個男人，想要嫁給他。她的爸媽和大部分的朋友都警告她不要嫁給那個傢伙──他們看得出來，那男人只會替梅蘭妮帶來煩惱。但愛情是盲目的，梅蘭妮不聽勸告，毅然嫁人。歷經十五年艱辛的婚姻生活、拉拔三名子女、兩次破產、兩人為丈夫一再行為不檢而爭吵不休，最後以難堪的離婚收場。這時梅蘭妮才驚覺，原來旁觀者清。什麼能讓她不再痛心疾首？何者又是從水平線下爬到水平線上的關鍵？出乎意料地，其實她只要提出並回答一個簡單的問題就好：

我最需要認清的現實是什麼？

多年來，我們曾和許多嘗試掌控「正視現實」步驟的人們合作，發現要克服盲點、看清真相，最好的辦法是透過意見回饋（feedback）——像是對於你做得好的事情，所給予的真心讚美，或是還可以如何精益求精的重要建議。而獲得意見回饋的主要途徑便是和那些可助你看清全貌的人士對話。事實上，經驗告訴我們，最勇於當責的人會尋求意見回饋，而正視現實的能力與獲得回饋的能力呈正比。這兩種能力是攜手並進的。

如果你是丈夫，想要知道你在婚姻裡的表現如何，先問問令妻，然後再問問你的孩子——你或許會訝異他們衝口而出的話。如果你想知道你工作的情況怎麼樣，問問你的上司和同事。至於在校表現，則可以問問老師和同學。以團隊而言，無論是運動競賽隊伍、慈善或志工團體的表現如何？都能問問你的隊友與伙伴。

要獲得意見回饋，最好的辦法就是主動開口要求。而且一點都不複雜，只要問：「你可以給我什麼意見？」你可以視情況量身打造你的問題；例如：「我想成為更好的＿＿＿＿＿＿（如丈夫、妻子、夥伴、朋友、隊友、員工等等），你可以給我什麼意見？」

奧茲法則

當責的人會徵求意見回饋。

要讓這句問話產生效用，你必須先讓問話的那個人相信，你是真心誠意地想知道他們的想法。幾乎人人都會對提供意見回饋感到焦慮，唯恐招致反效果。你得讓對方知道他們可以誠實說出對你的看法，不會留下任何後遺症。

求得他人的意見回饋後，你必須開始進行最艱難的部分：確實聽取他們的建言，無論那讓你多麼難受。你可能會聽到表示讚賞的回饋（你哪裡做得不錯）和有建設性的回饋（你要怎麼改進）。無論

是哪一種，都要感謝對方的坦白與分享。表達感謝，暗示你已卸下心防（就算其實沒有），也能讓對方知道你很開心他們願意花時間與你分享。

　　下列九條實用的指導方針，可以幫助你徵求意見回饋、對回饋作出反應，並利用回饋來建立個人當責：

獲取及運用意見回饋的九條指導方針

一、意見回饋不會自動產生。得由你讓它產生。

二、尋求有建設性的回饋可能會令你提心吊膽。提醒自己：無論你徵求回饋的對象是誰，那人都已用某種特定模式來看待你了；你只要聽聽他們深信不移的看法就好。

三、請他人提供正面的感想，會比說出負面批評容易。你必須主動徵詢有建設性的回饋。試著以「我要怎麼做才會更好？」取代「我有沒有做錯什麼？」

四、人們大多相信其他人想聽正面的回饋甚於有建設性的回饋，所以你或許得讓對方相信，你是真心想知道他們內心的想法。你可以先告訴他們，你非常珍惜他們的真心話和見解——無論內容為何，你都會虛心接受。

五、不要讓建設性的回饋（無論那讓你多不爽）扭曲你對對方的看法，人家可是試著在幫你呢。光是對方願意提供意見回饋，我們就該表達由衷的謝意。

六、讓獲取意見回饋成為習慣，而非只是一次性的行為。

七、就算你相信一切都十分順利，仍應尋求意見回饋。這能幫助你待在水平線上。

八、獲得意見回饋之後，問問對方，未來能否繼續徵詢他的意見；甚至可以提出再次碰面來驗收成果，確認自己是否有按照對方的建議去做。

九、最後，請對自己好一點。任何重要的變革都不可能一夕完成。

奧茲法則

**意見回饋創造
當責的人。**

要獲得意見回饋，謙遜、感謝、開朗、誠實、對自己的耐心和追求更好成果的渴望，都是你最好的朋友。還記得我們在第三章提到的十三歲足球選手潔西嗎？她原本漫無目標地枯坐冷板凳，轉捩點就從她主動請教練給她意見回饋開始。如果時光能倒流的話，路易和梅蘭妮當初應該都願不計代價來了解這點，以求在各自婚姻觸礁前尋求意見回饋。要克服盲點，採取至關重要的「正視現實」步驟來進一步實踐當責、追求更好的成果，關鍵就在於「意見回饋」。

沒看見時發生的事

你或許還記得艾倫‧洛斯頓（Aron Ralston）這個名字。他熱愛戶外冒險，後來在猶他州南部登山時發生意外，手臂被一塊巨石壓住。此人提供了一個極具說服力且具有雙重意義的例證：一是沒有「正視現實」的難堪後果；二是終於睜開眼睛後，認清該採取何種行動的救命力量。

當艾倫停好車，準備到猶他沙漠登山時，對危機渾然不覺。如果他能透過大黃蜂遙控直升機（high-flying drone）的鏡頭看看自己，或許就會立刻掉頭離開。他會看到獨自一人登山有多麼危險，而不會粗心大意到沒事先告訴任何人他要去哪裡，更不會沒帶充足的水及適當的求生工具就上路。他是經驗豐富的戶外活動愛好者，一向明白事理，那麼為什麼他會沒看到這些問題點呢？這又是選擇性認知的問題：他只看到自己想看的，據此合理化自己想做的任何事。好個盲點！

如艾倫所發現，「沒有正視現實」可能會使任何人困在「一塊岩石與硬地之間」，再聰明、再訓練有素的人也不例外。於是，這趟原本只是猶他紅石鄉間的半天健行，變成一場持續五天的駭人夢魘。艾倫回憶道：「我碰掉了⋯⋯一塊八百磅重的岩石，它跟我一起落下，最後把我的右手壓在峽谷壁上。」往後幾天，他絕望的叫喊迴盪在六十呎深的陡峭峽谷，卻無人現身拯救。那時的艾倫，沒有魔法師，也沒有好女巫葛琳達。他被困住了，孤苦無依，危險至極。

等到真正認清事實——沒有人會來幫他——艾倫做了決定，要做一件匪夷所思的事：拿瑞士刀切斷自己的右前臂。這項行動不只救了他了命，更讓他的人生步上截然不同的領域。他寫了一本書、故事被改編成電影、成為人夫與人父，目前則以備受歡迎的勵志演說家身分環遊世界。

鼓起勇氣正視現實、查看盲點的能力不僅能引

領你避開人生的重大問題，也能協助你解決日常生活的小麻煩。正視現實是回到水平線上的第一步，必須再配合勇氣、決心和毅力，才能理解你此刻所面對的現實全貌。

這裡的視野很棒！

布萊恩・雷根（Brian Regan）是頗受歡迎的單口相聲演員，最為人熟知的莫過於他看眼科醫師的不幸遭遇。他曾經連續六年沒找醫生拿新的隱形眼鏡處方。提到視力矯正處方造成的清晰度差異時，他是這麼說的，如果「你等了那麼久才拿到新鏡片，那感覺就像──天啊，原來我早就可以**看到**東西耶！」

既然你已了解如何及為何要正視現實，你已經可以**看到**東西了──希望你不是等了六年才走到這一步。今日的看清，象徵明日更好的成果。

如果連膽小獅都可以選擇凝聚勇氣、離開森林的陰暗和隱蔽、步上黃磚路，那麼你也可以。我們向你保證，水平線上的視野好得多；在睜大雙眼的人看來，人生開心得多，回報得也多。

應用智慧：正視現實！

現在我們希望你將下面這個「正視現實」的問題，套用於你在第一章所說的「真正想要的事物」上。請問問自己：

要獲得我畢生追求的成果，我最需要認清的現實是什麼？

現在，向你最親近的人徵求意見回饋。請他們老實回答上述問題──讓他們相信你是真心想聽取他們的意見。運用他人的意見來幫助你擬定計畫，達成你的目標或抱負。

唯有鼓起勇氣正視現實，
你才能超越水平線下的藉口，
實現你嚮往的水平線上的成果。

Chapter 5

錫樵夫：
找一顆心，承擔責任

錫樵夫：敲我的胸口……來──敲敲看。
（桃樂絲叩了叩他的胸口。）

稻草人：好好聽啊！好美的回音！

錫樵夫：是空的。錫匠忘記給我一顆心臟了。

桃樂絲和稻草人：沒有心臟？

錫樵夫：沒有心臟……是中空的。

請注意錫樵夫是怎麼把他沒有心臟的困境歸咎於創造者，說他體內中空是因為錫匠「忘記」給他一顆心臟。錫匠是真的忘記，或是認為給自己找一顆心是錫樵夫的工作呢？

一如和當責有關的一切，真正的物主感並非來自外界，而是發自內心。沒有人可以幫你「成為主人」。現實世界沒有魔杖，而這正是魔法師無力幫助桃樂絲一行人的原因。雖然他們某種程度可以彼此依賴，但最後仍需跟隨自己的熱情，找到自己的心，發展自己的內在力量，如此才能獲得他們想要的東西。我們每一個人都是如此。

朵伊娜・翁瑟爾（Doina Oncel）十七歲時從羅馬尼亞移民加拿大。她遇到了一名出色的男子，與之成家立業，並育有兩子。一切原本順順利利，直到丈夫開始酗酒。酗酒很快演變為家庭暴力、事業崩垮，乃至婚姻失敗。朵伊娜變成身無分文的單親媽媽，眼睜睜看著人生急遽失控，最後母子三人只

能住進收容所。她簡直掉到了水平線下的最深處。在收容所待了幾個月後，她的女兒說了一句足以改變她一生的話：「媽咪，我長大後想要跟妳一樣。妳是天底下最棒的媽咪！」

雖然朵伊娜知道自己當時並**不是**天底下最棒的媽咪，但女兒的話猶如醍醐灌頂，激勵她找回初心、採取「承擔責任」的步驟，而後找到工作和更好的居所——簡單地說，朵伊娜真的成為了小女兒心目中的那種母親。

朵伊娜不只找到工作和新家，也繳清帳單、開始進修、參加討論會。在課堂和討論會上，她運用從往日奮鬥中汲取的膽量和決心，勇於發言，吸引了企業家母親（Entrepreneurial Moms）多倫多分會會長邦妮・詹（Bonnie Chan）的注意。

在朵伊娜受聘為該組織效力後，她開始全心奉獻於鼓勵所有母親為自己的人生當責。成功接踵而至，最後朵伊娜開創的事業如日中天，專門協助科

技公司透過社群媒體自我行銷。

我們都可以從朵伊娜的故事學到一個重要的課題：當你找到承擔責任的那顆心，就可以改變、而且是永遠改變你的世界。

承擔責任的意義

我們永遠不會忘記一次到夏威夷出差的經驗。在一場講習會的休息時間，我們決定在島上快速觀光。當時看到很多人開心地把車開在崎嶇不平的火山岩床上，我們打趣地說，虐待那些車子的人八成不是車主——那些車一定是租來的。

那次經驗也讓我們想到一個點子。回到講習會後，我們舉那些火山岩床的駕駛人為例來介紹物主感：而此例講的是欠缺物主感。那個例子引發許多尷尬的笑聲，於是我們確定，那些被虐待的車子的

確是租來的──而且車子的駕駛就坐在教室裡！

我們為什麼在意「擁有」的東西勝於「租來」的東西呢？或許是因為我們沒有在租借來的東西花太多錢；風險也沒那麼高。當你擁有某樣東西──無論是一部車、一項獲派的任務或一段關係──你都投入了金錢或心血，通常也包含某種程度的犧牲。如果是用租的，大可瀟灑走開，不會有任何損失。我們想傳達的重點在於，主人比承租人投入更多；他們「毫無保留」。

奧茲法則

問問自己，你是「承租人」還是「主人」？

以獲得你想要的成果（即讓你的人生更豐富多彩的目標）而言，你是承租人還是主人呢？你是憑藉著唯有物主才可能擁有的高度投入、興趣和投資，來追求心之所向嗎？或者你只是敷衍了事，只為目標投入一半心血，且戰且走，萬一事情非你預期，就可以輕易退場？

海軍陸戰隊一位弟兄在新兵訓練時發生了一件讓他體會「承擔責任」的趣事。那位弟兄的營區會定期舉辦手榴彈投擲比賽，比賽包含兩個部分：先投擲一枚空手榴彈，愈遠愈好，同時朝反方向跑。然後演習教官會測量這兩點之間的距離。在新兵訓練最後一天，營地會再次舉辦這項競賽——不過這次用的是實彈，真正的手榴彈！毫無意外地，在最後一次測驗，手榴彈落點和陸戰隊員最終抵達地點之間的距離幾乎是先前的兩倍。一旦你「毫無保留、盡全力投擲」且承擔責任——不論是不是在逃命——你會更積極地去做你原本絕不可能做到的事。

　　這就是水平線上「承擔責任」這個步驟的意義。這種能力可以挖得更深、加倍勤奮、持之以恆——是一種感覺事態緊急、一切操之在己而積極行動的能力。這意味著要對你所做的事情保持「我負全責，絕不推諉」（the buck stops here）的一貫態度。這句被美國總統杜魯門（Harry Truman）引用而廣為流傳的名言，據說源自撲克牌遊戲。早年在

牌桌上，下一個發牌者面前會放置一把柄用鹿角做成的刀。不想發牌的人會把刀遞給下一個人，即「pass the buck」，直到有人答應發牌為止。「Passing the buck」遂成為推卸責任的俚語。真正的主人不會推諉；務使正確的事情發生，對他們才有益處，無論那是什麼事。

一旦承擔責任，你就會對你所做的每一件事採取「離開時要比發現時美好」的策略。你會在各處留下你的指印。人們會看到你參與過的證據，一種你為所做過的事、留下獨特印記的證據，也是一種證明你的存在、讓事情變得更美好的證據。

> **OZ**
> **奧茲法則**
>
> 「承擔責任」就是，
> 讓事物在你離開時，
> 比發現時更美好。

工作上的「承擔責任」

我們甚至會極端地說：承擔責任的能力，即是

能區別成就高低的關鍵特質。知名商業作家傑夫・哈登（Jeff Harden）描述了卓越成功人士共有的一些信念。其中一個就是願意「多走一哩路。」但很少人真的會走。哈登說：「那多走的一哩路是廣闊無邊、杳無人跡的荒原。」並繼續解釋：「每個人都說自己會多走一哩路。但幾乎沒有人真的去走。真的多走一哩路的人大多會想：『等等……這裡沒有別人……我為什麼要這樣做？』於是繼續往前走，永不回頭。這就是那多的一哩路何以如此寂寥，但也何以充滿機會。無論你做什麼事，都要想想你可以多走的一哩路，多付出什麼樣的努力──尤其是其他人都不那麼做的時候。這當然很難，卻能使你與眾不同。而且隨著時間推移，也會讓你獲得難以置信的成功。」當你承擔責任，你便脫穎而出。

民意測驗機構蓋洛普（Gallup）持續針對職場員工的敬業度進行研究，檢視全心投入工作並充滿熱忱的人──換言之，即承擔責任的人。蓋洛普的「全美職場狀態報告」（State of the American

Workplace Report）包含美國就業人口的各個區塊。在檢視超過兩千五百萬份答覆後，研究人員發現有七成美國人「不投入」（not engaged）或「非常不投入」（actively disengaged）他們的工作。也就是說，每十個在去年公司耶誕派對上慶祝的人，就有七個其實不想去。而昨天的會議上，有七成的人比起開會，其實更想打保齡球。所以在全美有全職工作的一億人之中，只有百分之三十會對他們所做的工作稍微面露喜色。

近年來，幾乎所有類似的研究都顯示，職場的物主感和敬業度正在衰退，有些研究甚至形容美國大半勞動人口是在工作中「夢遊」──表面上忙得不可開交，但並未造就任何實質差異。

作者二人都在自己的人生中親眼目睹過這種情況。其中一人十六歲時曾在一家小餐廳的廚房打工，主管明確告知要「製造許多聲響；讓老闆以為我們有認真工作。」當時他以為主管是在開玩笑，

但幾分鐘後主管便開始拿鍋子互敲，還到處亂扔東西，不為別的，就是為了聽起來像在認真工作。

另一位作者則記得某年夏天在一個銀髮社區的園藝店打工的情景。當時的工作是協助經理確認住戶都有栽種花圃和菜園所需的東西。因為時值加州夏天，天氣非常炎熱。他永遠不會忘記那一天，他和那位經理一起坐在狹窄的小屋裡，向經理詢問當天計畫。經理只淡淡地說：「就坐吧。我們就坐在這裡一整天就好。天氣熱到沒辦法工作了。」

坐一整天？沉默五分鐘後，他告訴經理：「你或許想一直坐著，但我是來這裡工作的。」經理反駁：「如果你去工作，不就顯得我很爛。」作者不管他，逕自工作去了。天氣很熱，但他很開心，因為他是去那裡盡職工作的。這個早期經驗清楚呈現了不承擔責任、不投入會是什麼德行。這是頗有助益的反例，因為當時作者就告訴自己，他絕對不要當敷衍了事的那種人。

我們希望你在工作上出類拔萃，無論你是音樂家、執行長、庭園景觀設計師、主管、擺餐桌的服務生、運動員、收銀員、藝術家或堆高機駕駛。多走一哩路，承擔責任吧。你會遠比現在更喜歡你正在做的事，萌生更充沛的工作熱情。你將更有可能升遷，賺更多錢！

明天，當你上班上學，或做任何你該做的事情時，問問自己，你是你正在做的事情的主人，還是只是承租人？你投不投入？你是「打完卡」就開始打混摸魚，還是會盡情發揮創造力、專心致志、聚精會神？承擔責任吧，你會立刻卓然出眾。

> **奧茲法則**
>
> 多走一哩路；
> 那會讓你卓然出眾。

「承擔責任」的問題

要確定自己是否已承擔責任，你該問自己以下問題：

我是怎麼促成這個問題，又可以對解決方案做出何種貢獻？

只要誠實回答這個問題，便能激盪出必要的思維來助你找到向前的路。如果那是你試著解決的問題，承擔責任的能力將為水平線上的下一個步驟鋪路。如果你正面臨某個挑戰、某個目標或抱負、某個你努力在生命中實現的重要成果——那麼，承擔責任的心態便可賦予你走到最後的動力。

這個問題真正的力量在於，它聚焦在你的身上。重要的是問句中的「我」。**我是怎麼促成這個問題，又可以對解決方案做出何種貢獻？**

你已經有太多無能為力、無法掌控的外在因素了，因此你必須把焦點擺在你可以做、可以掌控的事情上。一旦著眼於此，你便奠定了找到解決之道的基礎。你也釋放了可以就你的情況進行創造性思考的本事。

我們認識一位忙碌的父親，他被工作、家中開銷和參與志工活動中別人的需求，壓得喘不過氣。他不時感到焦慮、憂鬱和負荷過重。他承受的壓力遠遠超過那種會激勵我們超越巔峰的良性壓力，讓他覺得自己快四分五裂了。

　　然後，在一個靜不下來的夜裡，他躺在床上胡思亂想時，一個念頭浮現腦海：他可以把自己擔心無法掌控的事情通通記下來。他在一張紙上畫了兩欄。第一欄列出所有不在自己掌控之中的事情；第二欄則是所有他可以控制且直接影響的事情。結果這是一次絕佳的練習，寫完後他恍然大悟：他無法控制的事，就是他該盡可能別再擔心的事。因此，他告訴自己，就忘了它們吧，不要老是把心掛在它們身上，惦記著它們，該把它們逐出腦袋了。現在，他該將全副注意力和心力，投注在可以控制的那一欄。這是多大的改變啊！簡直是徹頭徹尾的改造。

這個小小的「承擔責任」提問練習為他卸下憂慮的重擔，助他看清前方的道路。最後，他克服了種種他可以掌控的挑戰，現在的他已是專業領域的佼佼者。

做成連結

　　承擔責任的步驟意味著連結「現在你在哪裡」和「你以往做過的事情」，還有「你未來想去哪裡」和「你要怎麼去那裡」。如果你無法做成這些連結，就是沒有承擔責任。事實上，這樣的你也無法承擔責任。要實現你嚮往的成果，你必須做「你的問題」和「解決之道」的主人。

　　你或許記得這句俗話：「你如果不是解決方法的一部分，就是問題的一部分。」有點怪吧？想真正當家作主，我們必須把句子調動一下：「你如果不是問題的一部分，就不可能是解決方法的一部

分。」這句話的意思不單是承認錯誤。你必須看清自己扮演的角色，事情到了你身上為什麼會變成那個樣子。雖然乍看不像，但這卻是能賦予你力量的一句話。因為做問題的主人，明白你是怎麼促成問題，解決之道就會出現在你伸手可及之處。這也讓問題變得更容易克服。

對於你當前的遭遇，你連一丁點責任都沒有的例子相當罕見。但完全不必負責任的情況也不是沒有。比如說，你開車前往雜貨店時，一架飛機從空中墜落砸中你的車，這種情況任誰應該都無法預防與應變。當然，極端主義者或許會說，是你不知怎麼地吸引了飛機，因此你該為自己當時出現在那裡負起責任──但這種論點不可不謂瘋狂！

當你居於水平線下，且落入被害者循環時，通常會生出一個「被害者的故事」來解釋你為什麼會

在那裡。那個故事你可能說過不下百次來表達你的挫折感——為什麼你總是做不到你想做的事。這個故事一定包含「為什麼錯不在你」和「為什麼人生這麼不公平」等一切緣由。

當我們訴說被害者的故事時，常獲得聽眾高度的同情，因為他們會對我們「我好苦啊！」的故事感同身受。花點時間想想你自己的被害者故事——你覺得吃虧或受到傷害的時候。不必是什麼了不起的故事。事實上，大多故事都沒什麼了不起，情節通常相當簡單，且與日常生活有關。

「每個故事都是兩面刃。」這個古訓基本上沒錯。被害的那一面（victim side）強調你並未在發生的事情裡扮演任何角色，例如：「老師又不喜歡我，幹嘛去試？」人們無法做際遇的主人，通常是因為無法讓自己接受故事的另一層面——我們稱為當責面（accountable side）的那一面。當你僅著眼於自己發生的事，而非你做過或沒做的事，你便封

鎖了故事的另一面，即暗示著你可能參與其中的那一面。

要承擔責任，你必須找到那顆心來同時觀看故事的兩面，細細思量你做過或沒做到的事，與當前處境之間的關係。看到並承擔故事的當責面，不代表就得壓抑或忽略任何證明你是受害者的事實；那只代表要看故事的全貌，公平看待故事的兩面，就算其中一面可能會稍稍挫傷你的自尊。

你可以問自己下面這些問題，來揭露故事比較當責的另一面：

● 你選擇忽略了哪些事實？

● 一路上有哪些警訊？

● 如果有人面臨同樣的情況，你會建議他怎麼做？

● 就你目前所知，你可以採取哪些不一樣的舉動來取得更好的成果？

當你從當責的角度重述你的故事，就像戴上一副高解析度的太陽眼鏡——一切都變得清楚多了。

從這個角度看事情，能促使你從經驗中學習，避免未來犯下同樣的錯誤。你也可藉此甩掉一些包袱，不必再和過去過不去。採取當責的觀點，你可以做自己的主人，把成功的機率提升一百倍。

奧茲法則

如果你做不出連結，就不可能「承擔責任」！

做自己的主人，承擔責任！

在《洛杉磯時報》（*Los Angeles Times*）一篇標題為〈我們是否更快樂？〉（*Are We Happier?*）的文章，作者蕾絲莉・德萊富斯（Leslie Dreyfous）指出，雖然「近年來探討（快樂）這個主題的書籍

數量增加了三倍，心理治療產業的規模也成長三倍……嬰兒潮世代的人認為自己不滿意人生的比例，卻比他們爸媽那一代高出四倍……憂鬱症的發病率更是二次大戰時的十倍。」

我們相信，現今這種每況愈下的不快樂現象，都始於欠缺責任感。人們太常把自己的不快樂歸咎於自認為超出掌控的艱困環境。他們視痛苦的際遇為意外、不幸，或別人害他們承受的事。但我們在人生面臨的許多問題，其實並非意外。很多時候，我們的問題是我們自己造成的。這就是為什麼學會「承擔責任」如此重要。

事實是，不承擔責任是要付出代價的。承擔責任，你就是自己的主人。採取承擔責任的步驟，就是賦予自己權力感——不是凌駕他人的權力，而是主宰自己的權力。

在承擔責任的步驟中完成所有適當的連結，便能助你穩穩踏上通往水平線上的道路，進而永遠住

在水平線上的世界——一個挫折變成焦點，困惑變得清晰，而痛苦會化為進步的世界。

應用智慧：承擔責任！

讓我們在你試著追求的目標或需要解決的問題上，應用承擔責任的步驟。

請反覆問自己這個問題：

我是怎麼促成這個問題，又可以對解決方案做出何種貢獻？

尋找成為主人而非承租人的方法。不斷提醒自己在人生多走一哩路。要出類拔萃並全心投入，認清每一個故事都有兩面。

克服障礙、取得嚮往成果的力量
就在你的身上。
採取承擔責任的步驟，
你便能成為自己的主人。

Chapter 6

稻草人：
取得智慧，解決問題

稻草人： 堪薩斯在哪裡？

桃樂絲： 那是我住的地方。我好想回到那裡去，我要一路走到翡翠城請奧茲魔法師幫我。

稻草人： 如果我跟妳一起去，妳覺得那個魔法師會給我頭腦嗎？

桃樂絲： 不曉得。但就算他沒給，你也不會比現在更糟。

我們都知道奧茲魔法師後來怎麼了：桃樂絲的小狗托托拉開簾幕，揭露他原來是出身內布拉斯加的一個三流馬戲團魔術師。見到奧茲之後，桃樂絲和朋友們隨即明白他沒辦法給予幫助。他們進而了解你已經知道的這件事：要解決問題，就要由**你**創造**你自己的**方式來向前行，創造**你自己的**方式來克服**你**面對的障礙，爭取**你**想在人生獲得的事物。

　　一般來說，人們能來到「解決問題」這個步驟，是因為他們由衷希望達成某個具有挑戰性的目標，或解決某個棘手的問題。能否採取這個水平線上的步驟，端視你是否相信大部分的難題都有辦法解決。這需要信念，需要堅持，需要真正不屈不撓的精神，才能到達你想去的地方。好消息是，跟著我們的當責步驟走，你就能抵達目的地。

　　一個堅信不移、百折不撓的典範是南非前總統曼德拉（Nelson Mandela）。想像一下，一個被囚禁二十七年的人，八成會認為他這輩子完了、打破南

非種族隔離的目標已了無希望。如果換成是你，被不公不義地羈押那麼多年後，你會怎麼想？還會擁有任何熱情、渴望和目標嗎？心裡還有計畫嗎？能否想像有朝一日你會當上總統，統治這曾監禁你的國家？曼德拉的確保持這樣的想像，這也是他能當上南非總統的原因。

出獄後的那些年，曼德拉致力成為平等的代言人，協助廢除種族隔離政策。雖然大半生飽受爭議，曼德拉仍以其人道主義運動贏得國際讚譽，獲得包括諾貝爾獎在內的兩百五十項國際榮譽。至今許多南非人民仍尊稱他為「國父」。

今天我們生活在一個講求快速解決的世界，如果我們的問題沒有神奇地一夕之間消失殆盡，我們就會覺得受挫。「解決問題」的思維給你的建議是，就算快速解決方案沒有出現，也要堅持下去。更何況，快速解決方案往往不是最佳解決方案。

不久前，作者之一開始進行新家的翻修工程。

一次不愉快的經驗，馬上讓他發現新家車庫的電捲門上升得比舊家慢。這位作者（為保護他的顏面，在此不透露他的姓名）說了這個故事：「一天早上，我心不在焉地邊打簡訊邊走進車庫，結果頭撞到了還在上升的捲門底部。我走到門邊時，心裡原本以為它已經升上去了。這一撞，害我差點暈了過去，摸了摸頭，赫然發現滿手是血。

「在診間，醫師的助理給我兩個選擇，黏合或縫合。我問哪一種比較不會留疤。顯然那位先生想用黏的，因為（對他來說）那是最快且比較不痛的方法。但我不求快和無痛。我想要的是最好的長久之策——畢竟，我們討論的可是我的臉啊。我花了一番工夫說服他，醫師助理終於承認：『或許用縫的比較好。』於是他拿針注射我的頭，幫我打了麻醉，縫了六針。縫合過程並不好受，的確比較痛，技術也比較難，但效果最好——現在幾乎看不到疤了。相反地，另一種快速解決的辦法，就會在內人覺得帥氣逼人的這顆腦袋上留下明顯的疤痕！」

當你採取「解決問題」的步驟時，要做好跑完全程的準備。你追求的可能不是輕而易舉之事，而多數值得追求的事情都不是。看似永久懸宕的問題，需要決心才能解決。當你追求重大的目標時，需要決心、毅力和澎湃的熱情來找出解決方案，才能克服難關，實現目標。

奧茲法則

別光看
「快速解決方案」。

解決問題的真貌

解決問題的心態是一種具有創造力、彷彿「能否活命全靠它」般的思維。這種思維能帶來解決方案，克服我們認為超出掌控的挑戰和障礙。如果你能否活命但看此舉，你會不會提出新的點子、新的策略或新的想法，勇往直前呢？如果答案是否定的，那你恐怕已經耗盡全力了。

紐約漁民約翰‧奧德里吉（John Aldridge）在

長島外海四十哩處、從行駛中的捕蝦船落海之際，時間是凌晨三點三十分。冰冷的大西洋，任誰也熬不了多久，所以在他大聲呼救卻徒勞無功、只能驚慌地踩著水時，約翰面臨兩個選擇：準備溺水，或開始思考。

每個經驗豐富的漁民都知道，萬一失足落水，該做的第一件事是掙脫靴子；靴子是會把你拖進水裡的累贅。但約翰因緊急而生的「解決問題」思維，讓他想出一個極具創意又可力挽狂瀾的法子。他先脫掉一隻靴，把它倒過來，在洶湧的浪濤之間舉到他載浮載沉的頭頂上，再用力按到水面下，堵住空氣。然後，他用臂膀夾住靴子，以保持漂浮狀態。另一隻靴子也如法泡製。現在，他的兩隻靴子不再是累贅，反倒成了救生浮筒。真是天才！

但接下來呢？約翰知道光靠靴子不可能讓他永遠浮著。那太耗力了。他離岸邊仍有顛顛簸簸的迢迢四十哩，在黑暗中孤苦無依，還要等漫長的三小

時才天明——也就是三個小時後，睡在甲板下的伙伴才會發現他不見了，向海巡隊求援。

我們印象中的大西洋是一望無際的汪洋。但奧德里吉在該區域捕了二十年魚，他很清楚自己的位置。他也知道其他漁民會沿著附近的海床撒網捕蝦。漁網的位置是看得出來的，因為捕蝦漁民會在羅網的每一端綁上色彩鮮豔的浮標。如果約翰有辦法游到其中一個浮標，不但可以抓住它，也有利搜救人員辨識。

日出後兩小時，奧德里吉被一道浪沖高，看到一百碼外有個浮標。他又累又渴又虛弱，不確定自己到不到得了，所以他脫掉一隻襪子，套在一隻手上方便他游泳——另一個聰明的「解決問題」構想。他游到第一個浮標處，把它解開，再努力游到第二個浮標，用數呎長的浮標繩把兩個綁在一起，組成筏子一樣的東西。

在同船伙伴發現他不見並求援之後，二十一艘船、數架直升機和大批海巡隊員在六百平方哩的廣闊海域搜救約翰。最後，無線電傳來摻著雜訊的興奮聲：「我們找到了。他還活著。」約翰‧奧德里吉在大西洋漂流了十二個小時。

一如約翰‧奧德里吉所證明，「解決問題」的態度甚至可以在最急迫的節骨眼，創造起死回生的辦法。雖然你的情況（你想達成的目標或必須解決的問題）可能不是攸關生死的局面，但一旦你面臨失去一切的風險，有創造力的解決方案自然會浮現。所以，當你採取解決問題的步驟時，請想像自己能否活命但看此舉。或許你沒有喪命之虞，但你的快樂其實已陷入絕境。

奧茲法則

想像自己能否活命但看此舉。

「解決問題」的問題

在採取解決問題的步驟時，你該問：

我還能做些什麼？

反覆追問這個問題，就是取得進展的關鍵。不斷捫心自問「我還能做些什麼？」能促使你穿過任何障礙、找到解決方案；那通常深埋在創新與創造力的肥沃土壤裡，潛伏在你輕鬆、平常甚至慣性思考的表面下。

找解決方法就像挖金礦。我們都是探索頻道（Discovery Channel）實境節目《淘金熱》（*Gold Rush*）的粉絲，那是星期五史上收視率最高的節目之一。節目追蹤了幾批現代採礦者的生活，他們與時間、彼此和大自然競賽，希望一舉致富。成功的根本祕訣在於：移走大量的土。

這是頗為浩大的工程。首先，採礦者必須移除最上層的「覆土」（overburden）。這可能意味著要先移除六至十二呎的岩石和土壤，才能正式開採。

在這毫無價值又費勁的六至十二呎的土石底下,他們會挖到礦石或礦砂。開採者處理的礦砂愈多,就可能找到愈多金礦。他們最後往往必須搬動好幾噸的土,才能找到一盎司的黃金。整個過程就這麼簡單——也這麼難。

從開採黃金一事可以學到有關「解決問題」的一個課題:努力工作,準備搬動一大堆土壤吧!解決方案一開始可能不容易找,所以請繼續嘗試,不要放棄。同時也請不斷自問:**我還能做些什麼?**

「解決問題」的步驟不適合膽小鬼。工作很辛苦,但會給你豐富的報酬。如果你願意堅持到底,終會挖到礦砂,找到智慧的金磚——那蘊藏著你尋覓已久的解決方案。

明尼蘇達大學舉辦了一場平凡無奇的六百公尺賽跑,原本不值得我們談論的——不過海瑟・杜尼

登（Heather Dorniden）在競賽期間摔了一跤，將平凡化為不凡。這場賽跑和海瑟之所以會如此引人注目，就在於她跌個狗吃屎**之後**的舉動。（YouTube的影片令人嘆為觀止！）

如果是水平線下的摔倒，她八成會躺在跑道上好一會兒，為自己感到難過，怪她的鞋子不好、嫌跑道爛，或牽拖旁邊的跑者，然後離場嚎啕大哭一場。但海瑟不是這樣。你一定很難相信她爬起來的速度有多快，也很難相信她繼續跑得飛快，一一追上其他跑者。我們也實在很難相信肅然起敬的觀眾表情有多驚訝，以及看到她贏得勝利那一刻時有多麼激勵人心。沒錯，她「贏」了。

為什麼海瑟的本能反應是跌倒後馬上爬起來？如果你深入了解她是怎樣的一個人，一切便會豁然開朗。參加那場賽跑的海瑟，是主修人體運動學的大四學生，GPA 3.9，領多項獎學金，大一時曾是NCAA室內八百公尺冠軍。她曾八度入選全美代表

隊，也是明尼蘇達大學史上榮獲最多獎章的田徑明星。她能奮起直追贏得比賽，是因為她很久以前就學會解決問題了。她已經養成迅速問自己「還能做什麼？」的習慣。

我們也希望你養成這種習慣，因為攻無不克、戰無不勝並非常態。人有失手，馬有亂蹄。成功的人不會每次都贏，但一旦失敗，卻能馬上爬起來。你「解決問題」的構想並非一定奏效。「解決問題」的思維意指不斷嘗試，持續行動。堅持再做一次。不論如何，每一次都要趕快站起來，繼續前進。我們很喜歡美式足球教練文斯·隆巴迪（Vince Lombardi）的一句話：「最偉大的成就不是從未跌倒，而是跌倒後能再站起來。」

如何解決問題

我們接著來玩個小遊戲。你以前或許已經看過

或玩過也說不定。這遊戲叫「九點謎題」，一九一四年首創，是用來引導創新思考的一種練習。既然能歷久不衰，應該值得一玩。

　　底下是一個九個點組成的小矩陣。你必須挑戰只用四條直線把所有的點連起來，但同一個點不能通過兩次，筆尖也不能離開紙上。試試看吧。

　　解開了嗎？以我們的經驗來看，第一次嘗試的人，有百分之九十想不出來。就連做過這題目的人，也只有四分之一記得解法。換句話說，這個看似簡單的謎題其實並不簡單。你可以翻到本章的尾

聲看解答，但在那之前，請記得這個練習的意義不是找出正確的解法，而是**改變解決問題的思考模式**。

你是否畫了一個想像的正方形，把外圍的點通通連起來，認為自己必須待在裡面？我們往往會為我們的思考劃定界線，所以就算沒有人告訴我們，我們通常還是會這樣做。把心裡的正方形套在點上是多數人的做法，而就是這道自己硬是要設、圍住問題的牆，讓問題沒辦法解決。解決問題的唯一之道乃是**跳脫框架思考**。

還有其他錯誤是一般人普遍會犯的，例如什麼也不畫。他們只是盯著那些點，彷彿在用意志力逼使它們喊出答案似的！最好的解決之道，當然是畫畫看，一畫再畫。**行動通常能產生成果，就算我們不知道自己在做什麼**。還記得我們的作家朋友在第三章說的那句話吧：「做點事情，就算那是錯的。」往往在我們追求完美、不想看起來像個呆瓜的過程中，我們卻什麼也不做，於是終究成為呆瓜。

要如何跳脫框架思考呢？以下有幾個建議，這些建議能幫助你運用創造力，對付你在「解決問題」的步驟中遇到的任何障礙。請你一邊讀，一邊想著你想達成的目標或試著解決的問題。

找對的人腦力激盪

棘手的問題需要新的構想；找個能幫助你的人一起腦力激盪。找找看有沒有人已經達成類似目標，或解決過類似問題。在腦力激盪的時候，不要替任何構想貼上「愚蠢」的標籤，至少那個當下不要。鬆弛你的思考，把構想寫下來。構想的清單愈長愈好。耐心等待著你由衷覺得出色的構想出現。

繼續問：我還能做些什麼？

一連幾天反覆問這個問題。給你的腦袋多一點時間思考。不要逼自己一次想出答案。這個過程能鼓勵你以全新的想法研究問題，全新的想法能產生更好的選項。

改變思考方式（如第二章所強調）

一個辦法是訪問其他人：「你會怎麼辦？」描述情況給他們聽。不要告訴他們你已經想到的做法；讓他們提供毫無偏見的觀點，說說他們會怎麼處理。記得勤做筆記！

做功課

新的做法需要新的資訊。去圖書館或上網都行。地球有七十億人口，和一個充滿構想的全球資訊網。你或許不是第一個試圖克服這個障礙或解決這個問題的人。查查別人怎麼做，以及他們的成效如何。

測試你的假設

我們大多會自我設限：拿全憑想像而且或許不存在的界線來限制自己，因為我們未能加以測試，

任由它們定義了我們的現實。測試你的假設、那些你認為可行的構想。問自己可以怎麼跳出框架。為新的思考方式奮戰到底。

擁有解決問題的態度，意味著培養和琢磨運用創造力的習慣。亦即強迫自己改變思考方式，試試新的構想，看看是否奏效。

> **奧茲法則**
>
> 行動通常能
> 產生成果，
> 就算你不知道
> 自己在做什麼。

「解決問題」有多棒！

我們已經分享了一些令人毛骨悚然、攸關性命，或許可以登上新聞頭條或拍成好電影的故事，然而，在冰冷的大西洋載浮載沉，或在南非牢獄煎熬二十七年，並非多數人一生中會面對的絕境。那麼，「解決問題」的步驟，可以怎麼幫助日常生活中的你呢？

拉瑞‧史威林（Larry Swilling）的妻子迫切需要腎臟移植。大部分的人可能只會去登記等候移植，然後就乖乖打道回府，期待新的腎臟出現。但七十八歲的拉瑞‧史威林不這麼做。他深愛結褵五十五年的妻子，知道妻子的名字在等候名單末端，眼看她的健康迅速衰退，拉瑞面臨抉擇：看著她「在大西洋溺斃」或幫助她「游到安全的地方」。他藉由問自己這個問題而回到水平線上：**我還能做些什麼來幫老婆找到腎臟？**然後他做了一件事來「解決問題」。

　　他在身上掛了寫著「我的妻子需要腎臟」的看板，開始走遍家鄉南卡羅萊納州安德森郡：日復一日，周復一周，月復一月。據CBS新聞報導，在走了一年、超過兩百五十哩路之後，拉瑞找到數千名願意捐助腎臟的民眾。其中有一百多人實際進行了必要的配對測試。最後，四十一歲退伍海軍少校凱莉‧威佛林（Kelly Weaverling）的腎臟最為適合，可以救潔米‧蘇‧史威林一命。

在妻子順利動完救命手術後，拉瑞‧史威林緊緊擁抱醫師，並向自願捐腎的威佛林少校致謝。潔米‧蘇表示「我就知道一定會成功……拉瑞絕對不會善罷甘休。」

一顆捐贈的腎臟、一個獲救的妻子、一個捨己救人的器官捐贈者，和數千位鼎力相助的民眾——全是因為一個平凡男子願意來到水平線上。

應用智慧：解決問題！

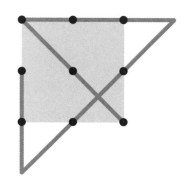

九點謎題的答案清楚告訴我們，有多少解決方案其實是在框架與界線之外，以及你平常習慣的思考方式之外。現在，將「我還能做些什麼？」套用在你嚮往的目標或難纏的問題上。反覆問自己這個問題。拿一張紙列出所有可能的解決方案。如果你仍苦思不得其解，就找人腦力激盪、改變思考方式、做做功課並測試你的假設吧。

每一趟成功的水平線上之旅，
都從提出一個簡單的問題開始：
我還能做些什麼
來獲得我想要的成果？

Chapter 7

桃樂絲：
運用方法，著手完成

葛琳達：妳準備好了嗎？……現在閉上眼
睛，腳跟靠在一起敲三下，在心裡
想：沒有比家更好的地方……沒有
比家更好的地方……

桃樂絲：沒有比家更好的地方……沒有比家
更好的地方……

你可能記得，在《綠野仙蹤》裡，桃樂絲最後發現她只要輕敲鞋跟三下，集中心思在她最想要的事情，默念：「沒有比家更好的地方」就可以回家。從她抵達奧茲的那一刻起，她運用方法、「著手完成」的能力——她能夠謀取朋友幫助、傾聽信任對象給她的忠告、展現機智解決問題、發揮耐心堅持到底，最後終能重返家園——讓她一一克服生氣的蘋果樹、被下毒的罌粟花、會飛的猴子和邪惡的巫師。她知道自己想要完成什麼，並始終不渝地追求著。

　　運用方法、「著手完成」要的不只是努力嘗試。當我們採取「著手完成」的步驟時，我們已經超越嘗試的階段。我們一直很喜歡電影《星際大戰五部曲：帝國大反擊》（*Star Wars Episode V: The Empire Strikes Back*）裡路克（Luke）和尤達（Yoda）的一段對話。尤達因路克的懷疑而備感挫折，對路克說：「你老是說沒辦法。我說的你都沒在聽？你必須捨棄你之前學的。」路克回答：「好

吧，我來試試看。」哎呀！路克，你說錯了！尤達有點被他的新弟子惹毛：「不對！不要試。要嘛就做，不然就不做。沒有試試看這回事。」

來到「著手完成」的步驟、實現嚮往目標的階段，尤達是對的：「試」不在等式中。重點是「做」。

你真正想要什麼？

多年以來，作者二人都主動付出時間擔任成千上萬青少年的志工。其中一個作者喜歡問年輕人一個簡單的問題：「你想要什麼？」當他們大聲說出他們的願望，這位作者會盡速寫在黑板的左側：如新車、新手機、更好的男友。左側板子寫滿後，他會停下來讚美他們果然很清楚自己想要什麼！

然後他話鋒一轉，問他們第二個問題：「你們真正想要什麼？」「真正」這個詞改變了一切。年

輕人會安靜下來，仔細思考他們「真正」想要什麼。慢慢地才會有人開始回答，答案不外乎爸媽婚姻幸福、某個手足治好癌症或某個朋友戒絕毒品之類的事情。隨著黑板右側的清單逐漸增加，房間裡的氛圍會從耶誕早晨般的朝氣蓬勃，變成深思與決心。

回到講台，作者會看著黑板，問大家這兩份清單的差別在哪裡。答案永遠如出一轍。不同於左表，右邊列出的是值得奮戰不懈的事：那些青少年會願意犧牲、傾其所有來努力追求的事。這些年來，雖然青少年的臉孔換了，但結果一直沒變：我們想要的東西和我們**真正**想要的事物之間，是有差異的。要獲得我們**真正**想要的事物，我們的行動必須包括「要就做，不然就不做；沒有試試看這回事」的態度和方法。那是「著手完成」唯一的途徑。

在底特律貧窮內都市長大的班・卡爾森（Ben Carson）是個激勵人心的例子。他的母親十三歲結

婚，不久即生下他，父親則不知去向。有一段時間，班堅信自己是「全五年級最笨的孩子。」但他的母親桑雅（Sonya）不讓兒子深陷被害者的心態，鼓勵他當責。她把小屋子裡的電視扔掉，要兒子勤上圖書館，希望他每星期讀兩本書，並撰寫讀後心得。

在這個時刻，班面臨抉擇：他要聽從母親指示，在課後多花點時間充實自己，還是退縮、反抗，拒絕成為更好的學生？班選擇前者。他選了學習、精進、著手完成。大量讀寫提升了他的學校成績，最後他一路努力從五年級班上的最後一名，爬到世界最具挑戰性的一項專業的頂端，成為約翰霍普金斯大學的神經外科、腫瘤、整形外科和小兒科教授。他是全球成功分離頭部連體嬰的第一人，獲頒三十八個榮譽博士學位、數十項國家功勳，以及總統自由獎章——美國平民最高榮譽。就算成就如此斐然，卡爾森卻從未忘記自己的出身。他也是美國內都市的倡議者，在人民權利和藥癮方面仗義執

言的批評家。聽起來他實踐了水平線上的當責，對吧？班‧卡爾森是一邊一再採取「著手完成」的步驟，一邊避開經常存在於水平線上沿路的陷阱，才為自己打造出這樣的人生。

兜圈子

你可曾有過這種感覺：在展開一段達成目標或解決棘手問題的旅程後，你開始一直兜圈子，完全拿不出任何實質的進展？就算你已準備好要「著手完成」，且聚焦於你意欲前進的方向，芝麻綠豆大的小事仍能害你馬上轉向，意外偏離軌道。

這種心理的旋轉木馬是有科學解釋的。德國科學家簡‧梭曼（Jan Souman）和馬克‧厄恩斯特（Marc Ernst）在重量級期刊《當代生物學》（*Current Biology*）發表了一篇研究，觀察人們在撒

哈拉沙漠和賓沃德森林行走數小時的路徑——且刻意選擇的路線上看不到任何能提供方向的線索，例如山脈或太陽方位的地點和時間。研究人員用全球定位系統（GPS）來記錄受測者的路線，結果發現，在沒有任何線索協助他們待在正確路線或判斷所在位置的情況下，人們會自然而然偏離直線，最後（真如字面意義）兜起了圈子。

當你「著手完成」時，要怎麼避免兜圈子——即原地打轉、沒有實質進展？首先，你必須有一條清楚的路徑。那可能不像黃磚路那麼清楚，但你應針對你想實現的目標擬定清楚的計畫，列出你要採取的步驟。再來，你必須下定決心去執行你說要做的事——就算面臨障礙、懷疑、恐懼或過往的失敗，你仍必須有將計畫貫徹到底的意志力。我們一直很喜歡這句俗話：「制訂計畫、實行計畫，然後看著計畫實行！」

還有一點要注意：在採取「著手完成」的步驟

時，你必須做好準備，隨時讓你想成功的決心接受檢驗。你想要完成的每一件好事（解決問題或實現目標），都會各自遇到不同的挑戰，而你當然也會在旅途中碰到下列考驗：

- 對於你「著手完成」的能力，你的信念有多堅定，將會受到檢驗。

- 你完成目標的渴望將遇到挑戰，你的決心會受到煎熬。

- 你繼續待在水平線上的能力會備受考驗。

- 你克服阻礙的意志力會被其他欲望消磨殆盡，你會想找簡單好走的出路，或重回壞習慣的舒適懷抱。

提到這些銷蝕靈魂的因素，我們學到一件事：**想得到的渴望，必須勝過不想得到的渴望。**凡事都

會要你付出某些代價——精力、心血、耐性、資源、挑戰⋯⋯不勝枚舉。誰都希望能毋須代價就能擁有好的成果。你想減重，卻不想犧牲你愛吃的食物或運動到揮汗如雨。你想成為頂尖運動員卻不想忍受非做不可的訓練。你想升官卻不想多投入一些時間。唯有當你攀達那個臨界點，想得到的渴望**勝過**不想得到的渴望時，成功才會到來。到了那個時候，真正的改變才會發生。

> **奧茲法則**
>
> 想得到的渴望，
> 必須勝過不想得到
> 的渴望。

「著手完成」的問題

許多名言錦句都可以鼓勵你付出「想得到」的代價，從新英格蘭愛國者隊（New England Patriots）教頭比爾・畢里奇克（Bill Belichick）的「做你的事」、耐吉的經典口號「做就對了」，到賽車手馬力歐・安德列提（Mario Andretti）的「無論如何都去做」。這些話說的都是同一個根本要點：

在你真正**著手去做**之前，什麼好事都不會發生。唯有著手去做，才可能體驗活在水平線上所帶來的那種扶搖直上的成果。

下面這個對於「著手完成」至關重要的問題，應該能幫助你全神貫注於你需要做的事情。在當責步驟的這個階段，請你問自己：

我該擔起責任做些什麼，何時以前完成？

你可以透過這個問題摒除疑惑，接著擬訂具體的行動計畫──包含所有你要做的事，以及你要完成的日期和時間。記得把你的計畫拆解成較小的、可以完成的細則。你不可能一口吃掉一頭大象。（事實上，你大概要花兩百五十天才能吃掉一頭大象，總共三萬一千九百三十口！）

重點如下：如果你企圖完成某件浩大或困難的工程，請慢慢來。但不要讓這種步調允許你蹉跎時光；計畫裡一定要納入「完成日期」和「完成時

間」。你一定要對「何時以前完成」有責任感，並竭盡所能在你設定的時間之前貫徹到底。

最後，如果你想提升著手完成的可能性，不妨透露給別人知情。讓你的計畫和期限被看見；走出自己的世界。分享你的計畫，將之公開透明，便能賦予你力量——助你「著手完成」的力量！

水平線下的萬有引力

在你致力於「著手完成」時，會有一股萬有引力不斷拉你，試圖把你拖到水平線下。正如大行星會產生重力、把一切東西吸過去，棘手的問題和艱難的障礙似乎也有足夠的質量把你拉走，不讓你追求你想要的。挑戰愈大愈嚴峻，引力就愈大愈強勁。

這種水平線下的引力之所以作用強大，因為它們是合理存在的問題，是停滯不前的真正原因。它

> **奧茲法則**
>
> **別讓重力把你拉下去。**

們不是捏造的。它們真實不虛，而且看似不在掌控之中。人很容易在情急之下把這些路障當成原地打轉、毫無進展的理由。一旦你開始搬出它們來躲開問題，理由就變成藉口了。

讓我們花點時間聊聊兩種不斷把你拖往水平線下的引力——很容易變成藉口的理由。

一、其他人

有一個廣為流傳的研究是這樣的：一群行為科學家進行一項和猴子、梯子和香蕉有關的實驗。科學家在一個大如房間的籠子裡塞進五隻猴子，再把香蕉置於一把梯子的頂端。不久，一隻猴子爬上梯子拿香蕉，這時科學家就把其他四隻旁觀的無辜猴子浸到冰水裡。不久，換另一隻猴子嘗試，過程也重演一次——其餘猴子被浸冰水。不一會兒，每一次有猴子上梯子拿香蕉，其他四隻就會搶在他到達前毆打他——因為他們不想再泡冰水了！科學家也旋即發現，因為怕被群起圍毆，猴子們都不敢再去

拿香蕉了。

然後，這群科學家決定放一隻沒有參與過實驗的新猴子進籠，換走原先的一隻。新猴子入籠的第一件事便是去拿香蕉。你應該猜得出接下來的發展：其他四隻猴子陷入瘋狂，把新來的痛扁一頓。被扁幾次後，新猴子先生說，**算了**，香蕉就別拿了。即使他對冰水的事一無所知。

然後研究人員又帶進第二隻新猴子，換走第一批的一隻，情況依舊。包括新猴子先生在內的其他四隻猴子，群起毆打第二隻新來的，直到他搞清楚狀況為止。接著科學家又換了第三隻新猴子，然後第四隻。最後，五隻猴子全都換過，而結果仍然一模一樣：任何企圖去拿香蕉的新猴子都會挨揍，就算現在已經沒有猴子被浸過冰水。沒有任何一隻猴子知道他們為什麼要互毆，也不知道為什麼爬梯子拿香蕉是個爛主意。那儼然已成這個籠子裡的規矩！

這個故事的重點是什麼？就「去拿香蕉」這件事而言，我們身邊的人，和他們習慣抱持的觀念，不是對我們有益，就是對我們有害。有時我們沒辦法「著手完成」，罪魁禍首就是籠子裡固有的規矩！問問自己：和你相處的那些人對你有益嗎？你對他們有益嗎？你們是否不明就裡地互相攻擊？你是否不敢反抗體制，不敢問事情為什麼照這種方式運作？

二、健康

這可能在任何時間點影響你著手完成的能力。一項研究指出，每十個人就有七個承認自己常有工作倦怠。這是相當驚人的數字。所以如果你在上班時覺得身體不適，認為你該待在家裡，或許可從這個事實獲得安慰：外頭有一大堆人跟你一樣覺得不舒服。

若說其中一位作者經歷過相當嚴重的健康問題，這種說法還嫌保守。他經歷的是那種會讓我們

任何人都很容易掉到水平線下的事。而故事是這樣的。

「我跟我兒子玩摔角玩到背部受傷。沒錯，我這個當爸爸的把錯都怪在兒子身上，但我背痛去看醫生的結果，卻意外發現了第四期的淋巴瘤。那可是一種癌症，而且已經蔓延全身；我腹部甚至有一顆Nerf美式足球大小的腫瘤，而我居然渾然未覺。

「接下來幾個月，看了多位傑出的醫師，做了七次化療、四次脊椎穿刺，得到家人緊密的支持和上蒼關鍵性的干預後，傳來了好消息：病情完全緩解。接著便是一次又一次的治療，而治療使用的類固醇引發缺血性壞死（avascular necrosis，AVN），即俗稱的骨壞死，我的骨細胞因關節血液供應不足而壞死。我前後花了五年，動了十次手術來做必要的修復——兩邊髖骨和肩膀都置換了。

「我學到的教訓是：你必須決定你要生病或健康；不可能兩者皆是。一旦生病，你就得坐板凳，

上不了場。如果健康，你就可以上場，在場中拚戰。我記得曾有意識地問過自己：**你想要哪個，健康或生病？不可能兩者皆是。**

「我選擇了健康。但那不代表我可以直接忽略問題，或假裝問題不存在。絕非如此。我知道自己有相當嚴峻的問題要處理。那意味著我必須放棄病人會得到的同情，不會再聽到有人對我說：『噢，那一定很令人洩氣』、『太糟了』、『你一定時時刻刻都很痛』、『你還能做你平常做的事，真是太厲害了』、『我完全沒料到』和『你光是能下床，就該頒個獎牌或什麼的給你。』

「選擇健康的壞處是你不會得到任何同情。你必須假裝感覺良好，就算事實不然；或者至少對問題三緘其口，好讓你看起來還能上場。我也終於相信我的朋友、合夥人兼本書共同作者在多年前我們撰寫《當責，從停止抱怨開始》時，和我分享他向一位心靈導師學到的道理：『這個世界大部分的工

作，都是由身體不太舒服的人完成的。』所以我不大跟人提起我的健康問題，以便繼續待在工作和家庭的比賽場上。

「現在回頭想想，我非常幸運情況沒有變糟。世上有非常多受苦的人，他們的故事遠比我的更有說服力、更不可思議。但重點不在故事，而在教訓。就我所知，在人們忍受可怕的健康問題，視若無睹、繼續前進的所有案例中，他們都做了要健康的選擇。」

請別誤會，我們不是說每一個生病的人都應該假裝自己沒病。嚴重的健康問題可能讓人倒下、動彈不得。我們想說的是，平常那種讓我們備受困擾的健康挑戰，其實伴隨著一個選擇：讓它把你拉下去，或擺脫它。

奧茲法則

一旦你開始用理由來阻止你解決問題，理由就變成藉口了。

說到做到

我們很想給桃樂絲的旅行下這樣的結論：她想回家的渴望夠堅定。只不過，她想回堪薩斯固然是不爭的事實，但要能回家，光靠渴望是不夠的。她必須認清現實及付出代價，全力以赴，運用一切她已經擁有的技能。她擬了計畫，知道自己和她的新朋友需要做什麼，以及必須在什麼時候做。這種一心一意的行動來自不計代價地投入、找出自己「著手完成」的獨門方法，然後堅持到底，直至完成。不妨想像一下，如果桃樂絲在把女巫的掃帚帶回給巫師之前罷手，情況會怎麼演變。她已經走了這麼遠，但假如她和她的朋友沒有完成這項工作，一切努力就會前功盡棄。

「著手完成」的意義不只是更加努力，不只是瘋了似地對抗任何障礙。而是善加規劃你要做的事。「著手完成」是聰明行事，擬訂計畫、依循路線前進、將邏輯流程注入你的行動之中。

雖然桃樂絲整趟旅程都穿著那雙紅寶石拖鞋，但直到走完漫長而艱辛的發現之旅，她才懂得如何運用它的力量。到那時，她的努力和經驗才結合起來並讓她相信，她的鞋跟真的有其功用。也就是到了那時，她才能回到堪薩斯。

應用智慧：著手完成！

無論是風險、恐懼、懶惰、健康問題、不好的聯想或其他抑制因素，你都極可能在某個時刻碰到「著手完成」的撞牆期。為讓自己持續待在水平線上往前邁進，你務必反覆問自己：

我該擔起責任做些什麼，何時以前完成？

然後針對你必須採取的步驟擬訂計畫——你可以做哪些你能掌控的事情——再照你所說的貫徹到底。

「著手完成」意味著
全神貫注於你必須做的事情和
你必須完成的時間，
然後照你所說的去做，
實現承諾。

Chapter 8

力量一直掌握在
你手中…

桃樂絲： 噢，妳可以幫幫我嗎？幫幫我好
　　　　嗎？

葛琳達： 妳不再需要我的幫助了。妳一直擁
　　　　有回堪薩斯的力量。

桃樂絲： 我有嗎？

稻草人： 那妳為什麼不早點告訴她？

葛琳達： 因為太早說她也不會相信。她必須
　　　　靠自己領悟。

在《綠野仙蹤》的尾聲，我們了解到原來桃樂絲一直擁有回堪薩斯的力量——只是她不知道而已。就連好女巫葛琳達的魔法也沒辦法送桃樂絲回家；她必須自己發掘這個蘊藏於自身的力量——掌控局面，不要讓局面掌控她的力量。同樣的情況適用於我們每一個人。一旦發掘這股力量，我們能達成的目標將沒有極限。

信不信由你，華特・迪士尼（Walt Disney）也遵循了同樣的內在力量發現途徑。華特剛入動畫這一行時，曾被《堪薩斯市星報》（*Kansas City Star*）開除，因為老闆覺得他「缺乏想像力、沒有好點子」。之後迪士尼效力於歡笑動畫公司（Laugh-O-Gram），沒多久公司又因為他和合作夥伴不善理財而破產。連挨兩記這樣的重拳，一般人早就摔到水平線下、不由得放棄希望了。但華特和哥哥羅伊（Roy）搬到好萊塢，再成立了一間動畫公司，發明了米老鼠和迪士尼樂園，總共囊括二十二座奧斯卡獎（Academy Awards），成為史上獲得最多小金人

的人，並建立了華特迪士尼公司（Walt Disney Company）——目前年收四百五十億美元、帶給數億人口歡笑的全球企業。對於一個「缺乏想像力、沒有好點子」的小子來說，這成果相當出色吧。

　　走出了繽紛燦爛的好萊塢世界，我們也能發現一般人的例子：有個國中女生名叫史黛西。她體重超重，深感自卑，執著於別人對她的看法。她的爸媽試遍一切方法想讓她活得更積極、吃得更健康。全家人會一起散步，鼓勵史黛西多運動，家裡甚至蓋了游泳池。但通通無效。為什麼呢？因為沒有人可以幫她減重，沒有人可以讓她身材變好。必須由史黛西**自己**做出超越現況的**選擇**，情況才可能改變。幸好，史黛西最後做了那個選擇。她開始控制飲食，也開始運動——而且持續減了七十磅！結果，史黛西的自尊與日俱增，不過兩年時間，她就當上高中班級的班長。現在，史黛西是有證照的私人教練，每星期健身六小

奧茲法則

讓它成真！

時，有兩個漂亮的孩子，以健康的烹飪和飲食為傲，最近才跟丈夫跑完生平第一場馬拉松。

雖然背景和盼望截然不同，華特・迪士尼和史黛西，甚至是虛構的桃樂絲，全都做了同一件事：自己做了選擇來掌控自己的人生、克服人人都會面臨的一切陷阱、詭計和困境。這麼做的成果可能十分神奇——對你自己的人生如是，對你即將接觸的萬千生命亦如是。

釋放力量！

既然你已經讀到本書最後一章，現在應該已比先前更了解個人當責的力量，或許比你料想的還要多。我們希望你已經準備好在你的人生釋放這個無比真實的力量。

現在要怎麼做呢？要怎麼讓個人當責真正發揮效用呢？如果有個開關可以按，不是很方便嗎？但

是真有按鈕可以按嗎？還是說不定有APP應用程式可以用？這個嘛，的確有那種神奇的開關式按鈕APP存在－－－名為**做出選擇，依此行動。**

你的選擇（從兩個以上的可能選項挑出其一）不是把你帶到水平線上，就是讓你掉到水平線下。在水平線上，你會－－肩挑起讓事情發生之責、實現你的抱負，或解決你面臨的問題；在水平線下，你就有可能一邊在怪罪遊戲中打滾，一邊深陷被害者循環。

但你不可能同時置身兩個地方。這看起來像廢話一句，但騎牆觀望乃人類天性。「我想減肥，又想吃我想吃的東西。」「我嚮往婚姻生活的承諾和安全感，但又熱愛單身的自由。」最後，你還是得選擇其中一邊。

我們可以亞歷山大大帝（Alexander the Great）的歷史為鏡。儘管我們不是十分欣賞他稱霸世界的計畫，但他的確知道怎麼避免部隊心在二處。面對

兵力遠勝於他的波斯大軍，亞歷山大一登上波斯海
岸就下令部隊燒毀自己的船艦。現在他的部隊沒有
退路了：要回家，就只能坐敵人的船。亞歷山大讓
全軍專心一志。

　　無論身在哪種情境，你要不在水平線上，要不
就是在水平線下。但你不能在選擇當責、大抵待在
水平線上的同時，又保有在水平線下天天應付特定
問題、惱人關係或滿腹牢騷的權利。要運用個人當
責的力量只有一個途徑：為你做的**每一件事**採取水
平線上的態度和方法。

　　我們敬邀您一起做這個強有力的決定，來水平
線上，享受伴隨當責生活而來的種種益處。我們說
的不只是一個被動的「做得更好」的決定，而是籲
請你做個深刻、持續的「活在水平線上」的選擇。
就從今天開始。從此時此刻開始。

　　這樣的承諾得來不易。你必須深入挖掘，但一

旦感覺到它，你就會發現你做的每一件事都充滿全新的能量和專注力，因為你已經做了那個永不回頭、破釜沉舟的決定：個人當責的決定。

水平線上的空氣比較好

這是千真萬確的：水平線上的世界**真的**比較好。就像呼吸新鮮空氣一樣，當責讓我們得以更清楚地思考每一件事。基於我們持續研究當責如何影響眾人生活的三十年經驗，見證了數以百萬計的「實驗對象」，我們一再發現，當責、位在水平線上的人，可以享受不少益處。他們……

● 更能看清事情的真相

● 找到其他人大多找不到的解決方案

- 能從負面經驗學習和成長，不像其他人會受困其中

- 避免一開始就遇到問題

- 擁有更好、更堅定、更令人滿意的人際關係

- 比較不會感覺到和被害者心態形影不離的緊張和憂鬱

- 擁有較強烈的「著手完成」的信心

- 笑口常開

- 較容易獲得升遷

- 賺比較多錢

- 得到較多尊重

- 笑臉迎人

- 比較快樂

- 比較健康

- 看起來比較聰明

- 而且，比較美，比較帥！

　　最後一點或許有點言過其實，但你一定知道我
們想說的重點所在：進一步實踐當責會帶給你各式
各樣的報償。想想你認識的當責的人、那些在水平
線上運作的人；總會按下當責的開關、把
事做完的人。你不覺得上述益處簡直
就是他們人生的要件嗎？

　　我們講的不是你會在某些為達目
的、不管他人死活的人身上，看到的
傲慢和自負。那種人並不在水平線上，也
不可能在。當責的人不僅要為積極改變自己負責，
也要為本身的人際關係，以及自己為他人創造的經

奧茲法則

**一定要爬到
水平線上的人
就是你。**

驗負責。水平線上帶來的益處可說無窮無盡,只要你肯做選擇。看到上面列出的種種好處,有誰不想分一杯羹呢?

測試一下

若說靜止不動是暗殺當責的刺客,那麼採取正確的行動,將能縮短你獲取成果的旅程。而正確的行動就是當責的步驟:正視現實、承擔責任、解決問題、著手完成。也就是說,你要問自己正確的問題來幫助自己實現目標、解決問題,或終於體驗你一直在追尋的績效突破。

測試的時候到了,請將我們四個水平線上的問題應用於你想要的事物,體驗個人當責的威力吧。請記得,祕訣是盡可能誠實坦白地回答這些問題。

首先,確定你想要什麼:

我想要：

_____

_____

_____

_____

_____

_____

　　現在，把我們在書裡提出的當責問題應用在你想要的事物上。你可能會想自己做這件事，或找個人一起腦力激盪。正如你已經知道的，下列每一個問題都是設計來幫助你有效地往水平線上邁進。

一、正視現實：我最需要認清的現實是什麼？

這個問題是判斷實際情況的關鍵。你還可以問下面這些問題來拓展你正視現實的能力：

● 哪些做法起不了作用？

● 我必須聽哪些「不中聽的事實」？

● 我必須向誰徵求意見回饋？

● 我明明知道卻假裝不知道哪些事情？

上述問題的答案將協助你看清事實的全貌。之後，請全神貫注於你最需要認清的現實，如此才能創造實質的進展。

二、承擔責任：我是怎麼促成這個問題，又可以對解決方案做出何種貢獻？

這個問題的答案將有助於釐清你為什麼會落到這般田地，以及找出可能的對策。你還可以追問自己的問題如下：

- 我在我目前的情況扮演何種角色？

- 我還在騎牆觀望嗎？

- 我真的心無旁騖地向前走嗎？

- 如果換成別人遇到跟我一樣的情況，我會給他什麼樣的意見回饋？

　　你的答案將賦予你做問題的主人，以及全心投入實現行動的機會。

三、解決問題：我還能做些什麼？

　　針對這個有力問題，你所給的答案將能揭示新的方法，帶領你向前邁進、看到實質進展。並請一

併想想下列附加問題：

● 如果一切操之在我，我還能做些什麼？

● 有什麼我原本認定在掌控之外的事，其實是可以掌控的？

● 假如我可以做些不一樣的事情，我會做什麼？

● 如果我能否活命但看此舉，我還能做什麼？

解決問題需要你發揮饒富創造力的本能，徵詢他人高見、一同激盪出解決方案也有幫助。小心不要繞著你不能掌控的事情打轉──請聚焦於你可以掌控或影響的事。

四、著手完成：我該擔起責任做些什麼，何時以前完成？

最後一個水平線上的問題將幫助你鎖定向前邁進的計畫。你還可以問自己下面幾個問題：

- 我可以為自己訂下可以達成的期限嗎？

- 我是否已經將計畫分解成簡單、可行的步驟？

- 我的計畫可以告訴誰、進度可以跟誰報告？

- 什麼樣的調整可以讓我的計畫更務實？

奧茲法則

問自己正確的問題，便能釋放個人當責的力量。

關鍵在於一面待在水平線上，一面把零件組合起來、著手完成。如果得花點時間才能做出你想要的進展，也別氣餒。麥爾坎·葛拉威爾（Malcolm Gladwell）在著作《異數：超凡與平凡的界線在哪裡？》（*Outliers: The Story of Success*）探討在不同領域促成卓越成就的因素有哪些，研究了比爾·

蓋茲（Bill Gates）和披頭四（Beatles）等超凡成就人士。他達成一個驚人的結論：不論在任何領域都能成功的關鍵是，練習一種技能一萬小時。他的一萬小時定律暗示著，卓越成就不是偶然或憑機遇發生，而需全憑練習與努力。

所以，要對你的計畫有耐心，你「著手完成」的努力要持之以恆。它們會回報你的。誠如演員威爾‧史密斯（Will Smith）所說：「對於試著脫穎而出、有夢想、想有一番成就的人來說，天賦與技能的差別是他們誤解最深的概念之一。天賦是你生來就有的。技能只能靠日復一日、反覆琢磨來鍛鍊。」

警語

雖然近三十年來我們都和當責一起吃飯、喝酒、生活和睡覺，但我們也要把話說在前頭，在你追求進一步實踐當責的旅途中，不要矯枉過正了。

別走極端

雖然我們希望你有自覺地應用這些法則，但請不要做得太過火。不要一犯錯就把自己毒打一頓。別硬要自己為實在無法掌控的事情負責。比方說，你並沒有：

- 選擇自己生在哪一戶人家

- 在分子層級安排你自己的DNA

- 設定你自己的智商

- 強行指定你的祖國或塑造它的政治風氣

- 要罪犯或其他人對你做可怕的事

- 挑選你的老闆，或讓她現在變得像顆可愛的大毛球那般無害

- 誘發出於本性的破壞行為，來攻擊你自己或你的家

上述情況真的非你所能掌控。但那不代表你不能為你現在要如何因應擔起責任。

做了再說

一旦領略個人當責的力量，你會忍不住想告訴別人它的好。分享個人當責的課題是件好事，但如果你自己沒在水平線上，就很難幫助別人到達那裡。只要記得，不是「言行一致」，而是「做了再說」。在我們的經驗中，當你身體力行，其他人會看到你正向的轉變，懷疑你是不是有什麼奇遇——即你到底做了什麼。當你和他人合作，並分享所學的時候，你將一面幫助他們擺脫水平線下的惡習，一面加深自己對這些法則的記憶力、讓它們融入你的日常作息。

管理你的壓力

在追求水平線上的日子，完成目標、修正問題或締造新猷的時候，你或許會忍不住想在某方面做

得比預期更好。那可能帶給你壓力。我們都必須管理我們的壓力。適當的壓力是好的，但如果負荷過重，反倒會減損我們的效率。

就從獲得你需要的睡眠著手。多數人一天需要睡八小時，卻只睡了六個半小時。那為什麼會影響我們的幸福呢？科學家表示，最後一個半小時的睡眠是快速動眼期（rapid eye movement，REM）發生的時間。眼球會在這段期間進行週期性急速移動，這是作夢的信號，對我們的精神平靜和記憶至關重要。少睡這一個半小時，也會增加焦慮症和憂鬱症的機率——這是折磨現今社會的兩大元凶。充足的睡眠能自然提高我們多巴胺和血清素的濃度，這些都是能觸動快樂反應的荷爾蒙。如果睡眠不足，你的快樂荷爾蒙會銳減、非看醫生不可的風險會增加——而多數治療焦慮和憂鬱的藥物都只能稍微提高多巴胺和血清素的濃度。我們並不是在告訴各位，憂鬱症是我們可以掌控、不需要醫療干預的疾病。我們想傳達的意思很簡單，獲得充足的睡眠

是你可以掌控、也應該掌控的事情。

不可退讓的底線：充足的睡眠、規律的運動和健康的飲食，能比世間所有藥物創造更多奇蹟。一定要注意這些基本原則，非常重要。

把其他人拉到水平線上

我們曾聽說一個故事，一座教堂請一小群在地人幫忙把一架大鋼琴搬到另一間房。平台型鋼琴又大又重，難搬且價值不菲，而這些業餘搬運工沒一個知道怎麼把它抬起來。大伙兒提了幾個點子，但似乎都不能保證人員和鋼琴的安全。然後有人提議，大家只要站在旁邊，「抬你面前那一塊」就好。乍聽之下太過簡單，但當那些男人實際嘗試，鋼琴便凌空而起，彷彿被下了魔法般地順利移動。在討論許久、提了許多無效的主意後，這些男人發現他們只要通通站好，抬他們面前那一塊就好。

我們認為，每當當責的人和他們覺得困在水平線下的人不期而遇時，也只要做同樣的事。在閱讀本書時，你可能會對自己說，哇，誰誰誰真的可以採用這個建議。我們都認識需要擺脫水平線下萬有引力的人，他們或許是我們相當了解的人：同事、丈夫、妻子、合夥人、姻親、血親、隊友、老闆或朋友。

　　要把他人拉到水平線上，你必須協助他們將當責步驟應用於本身的情況。先問對方：「你最需要認清的現實是什麼？」認真傾聽他們的顧慮，可能有重重險阻和壞東西擋住他們的去路，讓他們舉步維艱。一定要幫助他們看清全貌，即他們真正的處境。

　　然後提醒他們自問：「我是怎麼促成這個問題，又可以對解決方案做出何種貢獻？」務必讓他們明白自己在已發生的事情中扮演何種角色。

奧茲法則

**把其他人拉到
水平線上。**

再來輪到「解決問題」的提問：「你還能做些什麼（力求進步、克服障礙或向前邁進）？」你或許必須反覆追問這個問題。你在這一章前面學到的一些附加問題，在這裡可能也派得上用場，例如：「如果你能否活命但看此舉，你還能做些什麼？」

最後要問：「你該擔起責任做些什麼，何時以前完成？」在你經由協助他人「正視現實、承擔責任、解決問題、著手完成」來把他們拉到水平線上時，擬定邁步向前的具體計畫是結束對話的絕佳方式。你帶給他們的是一份賦予力量的禮物，會為他們灌注希望、啟發前進的必要步驟。請記得，當你「抬你面前那一塊」、協助他人升到水平線上時——人人都能獲益。

繼續踏步前進

　　我們在這本書先後提到桃樂絲、稻草人、錫樵夫和膽小獅。我們探討了他們的發現，他們（在偶爾獲得一點幫助之下）是如何明白自己需要做什麼，以及把事情完成。

　　如果有朋友看到你在讀這本書，順口問：「什麼是『奧茲的智慧』啊？」你會怎麼回答？現在你知道這與魔法師、黃磚路、邪惡的巫師或會飛的猴子無關。我們希望你這麼回答：「奧茲的智慧」說的是發現實踐個人當責的力量，無論目標是完成你想做的事情，或解決你想解決的問題都行。它講述採取「正視現實、承擔責任、解決問題、著手完成」的當責步驟、充實待在水平線上的知識及渴望。它也告訴我們，克服你的環境，不要被環境克服。最後，它讓我們領悟到：唯有為你的思想、感覺、行動和成果負全責，你才能主宰自己的命運；否則，你的命運就會歸其他人或其他事情掌控了。

這值得再重申一次，「奧茲的智慧」，說穿了就是：

　　唯有你自己，才能釋放個人當責的正面力量，克服你面臨的障礙、達成你想要的成果。

　　我們希望你現在備感振奮，因為可以將「奧茲的智慧」與它的一切法則應用於生命的點點滴滴了。擁有這種智慧，現在你應該覺得萬事俱備，可以搬開任何擋住去路的大石，繼續實現心之所向了。我們已見證過數百萬次。我們也將再見證更多個數百萬次，相信你一定做得到。

　　現在就開始做吧。

奧茲法則

我們覺得將本書的
「奧茲法則」綜合起來，
對你或許有些幫助。
以下分章逐條列出，
便於你迅速溫習進一步
實踐當責的關鍵。

Chapter 1

●

當你無法掌控局面時，
也別讓局面掌控你。

●

每一個「突破」都需要「決裂」。

●

進一步實踐當責，
將是你一生所做最強大的選擇。

Chapter 2

●

當責是你為自己做的事情。

●

**移到水平線下不是不對；
只是待在那裡一點用處也沒有。**

●

在水平線上思考。

●

你必須為你的想法和行動擔起全責。

Chapter 3

●

水平線下不會有什麼好事發生。

●

玩怪罪遊戲絕對不會帶來更好的成果。
絕對不會。

●

別扮演被害者。

Chapter 4

要看事情的真相。

檢查你的盲點。

要用眼睛看，也要用耳朵聽。

當責的人會徵求意見回饋。

意見回饋創造當責的人。

Chapter 5

●

問問自己，你是「承租人」還是「主人」？

●

「承擔責任」就是，
讓事物在你離開時，比發現時更美好。

●

多走一哩路；那會讓你卓然出眾。

●

你如果不是問題的一部分，
就不可能是解決方法的一部分。

●

如果你做不出連結，
就不可能「承擔責任」！

Chapter 6

·

別光看「快速解決方案」。

·

想像自己能否活命但看此舉。

·

你得搬動一大堆土才能挖到黃金。

·

行動通常能產生成果，
就算你不知道自己在做什麼。

Chapter 7

·

你什麼都不做，就什麼好事都不會發生。

·

想得到的渴望，必須勝過不想得到的渴望。

·

別讓重力把你拉下去。

·

**一旦你開始用理由來阻止你解決問題，
理由就變成藉口了。**

Chapter 8

●

讓它成真！

●

你不可能同時身在兩地——
選擇待在水平線上吧。

●

·定要爬到水平線上的人就是你。

●

問自己正確的問題，便能釋放個人當責的力量。

●

把其他人拉到水平線上。

唯有你自己，才能釋放
個人當責的正面力量，
克服你面臨的障礙、
達成你想要的成果。

MEMO

謝詞

　　我們首先要感謝受過本書提出的概念和法則訓練的數百萬朋友。這些朋友讓《當責，從停止抱怨開始》（*The Oz Principle*）成為最多人閱讀的當責主題商業書。沒有他們，就不會有《從自己做起，我就是力量》。

　　感謝亞德里安・賽克罕（Adrian Zackheim）及文件夾商務出版公司（Portfolio）的全體團隊，包括娜塔莉・荷巴契夫斯基（Natalie Horbachevsky）和威爾・魏瑟（Will Weisser），對於他們多年來為我們的當責著作展現的熱情和支持，我們要致上最深的感激。他們對於我們提出的原則深具信心，大

力促成我們的著作在全世界流傳，進而獲得成功。

特別感謝大衛‧普利勒（David Pliler），他的支持周延且持續不斷，協助我形塑了這本書的概念。我們非常感謝他極具創意的天賦和貢獻。

照例，我們要謝謝我們的老友和同事麥可‧史奈爾（Michael Snell），他是我們的最佳拍檔，協助我們持續傳播進一步實踐當責的訊息。

當然，我們還要感謝許多朋友，沒有他們的幫忙或付出，我們不可能創造《從自己做起，我就是力量》。這不只是一本書；也是一本永恆成功法則的精選。二十多年來，書中的法則經過我們領導夥伴企管顧問公司（Partners In Leadership, LLC）全體同仁的親自試驗。謝謝你們。你們的貢獻無與倫比。特別感謝彼特‧席歐多（Pete Theodore）高雅的藝術設計。

最後，我們要向我們的妻子格雯和貝琪，以及我們的家人表達由衷謝意，你們讓一切值得！

書　號	書　　　名	作　　者	定價
QB1044	邏輯思考的技術： 寫作、簡報、解決問題的有效方法	照屋華子、岡田惠子	300
QB1045	豐田成功學：從工作中培育一流人才！	若松義人	300
QB1046	你想要什麼？（教練的智慧系列1）	黃俊華著、 曹國軒繪圖	220
QB1047X	精實服務：生產、服務、消費端全面消除浪費，創造獲利	詹姆斯・沃馬克、 丹尼爾・瓊斯	380
QB1049	改變才有救！（教練的智慧系列2）	黃俊華著、 曹國軒繪圖	220
QB1050	教練，幫助你成功！（教練的智慧系列3）	黃俊華著、 曹國軒繪圖	220
QB1051	從需求到設計：如何設計出客戶想要的產品	唐納・高斯、 傑拉爾德・溫伯格	550
QB1052C	金字塔原理： 思考、寫作、解決問題的邏輯方法	芭芭拉・明托	480
QB1053X	圖解豐田生產方式	豐田生產方式研究會	300
QB1055X	感動力	平野秀典	250
QB1056	寫出銷售力：業務、行銷、廣告文案撰寫人之必備銷售寫作指南	安迪・麥斯蘭	280
QB1057	領導的藝術：人人都受用的領導經營學	麥克斯・帝普雷	260
QB1058	溫伯格的軟體管理學：第一級評量（第2卷）	傑拉爾德・溫伯格	800
QB1059C	金字塔原理II： 培養思考、寫作能力之自主訓練寶典	芭芭拉・明托	450
QB1060X	豐田創意學： 看豐田如何年化百萬創意為千萬獲利	馬修・梅	360
QB1061	定價思考術	拉斐・穆罕默德	320
QB1062C	發現問題的思考術	齋藤嘉則	450
QB1063	溫伯格的軟體管理學： 關照全局的管理作為（第3卷）	傑拉爾德・溫伯格	650
QB1065C	創意的生成	楊傑美	240
QB1066	履歷王：教你立刻找到好工作	史考特・班寧	240

書　號	書　　　名	作　　者	定價
QB1067	從資料中挖金礦：找到你的獲利處方籤	岡嶋裕史	280
QB1068	高績效教練： 有效帶人、激發潛能的教練原理與實務	約翰・惠特默爵士	380
QB1069	領導者，該想什麼？： 成為一個真正解決問題的領導者	傑拉爾德・溫伯格	380
QB1070	真正的問題是什麼？你想通了嗎？： 解決問題之前，你該思考的6件事	唐納德・高斯、 傑拉爾德・溫伯格	260
QB1071X	假說思考： 培養邊做邊學的能力，讓你迅速解決問題	內田和成	360
QB1072	業務員，你就是自己的老闆！： 16個業務升級祕訣大公開	克里斯・萊托	300
QB1073C	策略思考的技術	齋藤嘉則	450
QB1074	敢說又能說： 產生激勵、獲得認同、發揮影響的3i說話術	克里斯多佛・威特	280
QB1075X	學會圖解的第一本書： 整理思緒、解決問題的20堂課	久恆啟一	360
QB1076X	策略思考：建立自我獨特的insight，讓你發現 前所未見的策略模式	御立尚資	360
QB1078	讓顧客主動推薦你： 從陌生到狂推的社群行銷7步驟	約翰・詹區	350
QB1080	從負責到當責： 我還能做些什麼，把事情做對、做好？	羅傑・康納斯、 湯姆・史密斯	380
QB1081	兔子，我要你更優秀！： 如何溝通、對話、讓他變得自信又成功	伊藤守	280
QB1082X	論點思考： 找到問題的源頭，才能解決正確的問題	內田和成	360
QB1083	給設計以靈魂：當現代設計遇見傳統工藝	喜多俊之	350
QB1084	關懷的力量	米爾頓・梅洛夫	250
QB1085	上下管理，讓你更成功！： 懂部屬想什麼、老闆要什麼，勝出！	蘿貝塔・勤斯基・瑪 圖森	350
QB1086	服務可以很不一樣： 讓顧客見到你就開心，服務正是一種修練	羅珊・德西羅	320

書　號	書　　　名	作　　者	定價
QB1087	為什麼你不再問「為什麼？」：問「WHY？」讓問題更清楚、答案更明白	細谷 功	300
QB1088	成功人生的焦點法則：抓對重點，你就能贏回工作和人生！	布萊恩・崔西	300
QB1089	做生意，要快狠準：讓你秒殺成交的完美提案	馬克・喬那	280
QB1090X	獵殺巨人：十大商戰策略經典分析	史蒂芬・丹尼	350
QB1091	溫伯格的軟體管理學：擁抱變革（第4卷）	傑拉爾德・溫伯格	980
QB1092	改造會議的技術	宇井克己	280
QB1093	放膽做決策：一個經理人1000天的策略物語	三枝匡	350
QB1094	開放式領導：分享、參與、互動——從辦公室到塗鴉牆，善用社群的新思維	李夏琳	380
QB1095	華頓商學院的高效談判學：讓你成為最好的談判者！	理查・謝爾	400
QB1096	麥肯錫教我的思考武器：從邏輯思考到真正解決問題	安宅和人	320
QB1097	我懂了！專案管理（全新增訂版）	約瑟夫・希格尼	330
QB1098	CURATION策展的時代：「串聯」的資訊革命已經開始！	佐佐木俊尚	330
QB1099	新・注意力經濟	艾德里安・奧特	350
QB1100	Facilitation引導學：創造場域、高效溝通、討論架構化、形成共識，21世紀最重要的專業能力！	堀公俊	350
QB1101	體驗經濟時代（10週年修訂版）：人們正在追尋更多意義，更多感受	約瑟夫・派恩、詹姆斯・吉爾摩	420
QB1102	最極致的服務最賺錢：麗池卡登、寶格麗、迪士尼都知道，服務要有人情味，讓顧客有回家的感覺	李奧納多・英格雷利、麥卡・所羅門	330
QB1103	輕鬆成交，業務一定要會的提問技術	保羅・雀瑞	280
QB1104	不執著的生活工作術：心理醫師教我的淡定人生魔法	香山理香	250
QB1105	CQ文化智商：全球化的人生、跨文化的職場——在地球村生活與工作的關鍵能力	大衛・湯瑪斯、克爾・印可森	360

書　號	書　　　名	作　者	定價
QB1106	爽快啊，人生！： 超熱血、拚第一、恨模仿、一定要幽默 ——HONDA創辦人本田宗一郎的履歷書	本田宗一郎	320
QB1107	當責，從停止抱怨開始：克服被害者心態，才能交出成果、達成目標！	羅傑・康納斯、湯瑪斯・史密斯、克雷格・希克曼	380
QB1108	增強你的意志力： 教你實現目標、抗拒誘惑的成功心理學	羅伊・鮑梅斯特、約翰・堤爾尼	350
QB1109	Big Data大數據的獲利模式： 圖解・案例・策略・實戰	城田真琴	360
QB1110	華頓商學院教你活用數字做決策	理查・蘭柏特	320
QB1111C	V型復甦的經營： 只用二年，徹底改造一家公司！	三枝匡	500
QB1112	如何衡量萬事萬物：大數據時代，做好量化決策、分析的有效方法	道格拉斯・哈伯德	480
QB1113	小主管出頭天： 30歲起一定要學會的無情決斷力	富山和彥	320
QB1114	永不放棄：我如何打造麥當勞王國	雷・克洛克、羅伯特・安德森	350
QB1115	工程、設計與人性： 為什麼成功的設計，都是從失敗開始？	亨利・波卓斯基	400
QB1116	業務大贏家：讓業績1＋1＞2的團隊戰法	長尾一洋	300
QB1117	改變世界的九大演算法： 讓今日電腦無所不能的最強概念	約翰・麥考米克	360
QB1118	現在，頂尖商學院教授都在想什麼： 你不知道的管理學現況與真相	入山章榮	380
QB1119	好主管一定要懂的2×3教練法則：每天2次，每次溝通3分鐘，員工個個變人才	伊藤守	280
QB1120	Peopleware： 腦力密集產業的人才管理之道（增訂版）	湯姆・狄馬克、提摩西・李斯特	420

國家圖書館出版品預行編目(CIP)資料

從自己做起,我就是力量:善用「當責」新哲學,重新定義你
的生活態度 / 羅傑.康納斯(Roger Connors), 湯姆.史密斯
(Tom Smith)合著;洪世民譯. -- 初版. -- 臺北市:經濟新潮社
出版:家庭傳媒城邦分公司發行, 2015.05
　　面;　　公分. -- (經營管理;123)
譯自:The wisdom of oz : using personal accountability to
succeed in everything you do
ISBN 978-986-6031-69-4(平裝)

1.職場成功法

494.35   104007414